湖北省学术著作出版专项资金资助项目
现代航运与物流：安全·绿色·智能技术研究丛书

面向海事监管的无人机选型及船名检测与识别

马 勇 著

武汉理工大学出版社
·武 汉·

图书在版编目(CIP)数据

面向海事监管的无人机选型及船名检测与识别/马勇著.—武汉:武汉理工大学出版社,2021.8

(现代航运与物流:安全·绿色·智能技术研究丛书)

ISBN 978-7-5629-6452-0

Ⅰ.①面…　Ⅱ.①马…　Ⅲ.①无人驾驶飞机-应用-水路运输管理　②无人驾驶飞机-应用-船舶管理　Ⅳ.①F550.6　②U692

中国版本图书馆 CIP 数据核字(2021)第 161329 号

项目负责:陈军东　陈　硕　　**责任编辑**:陈　硕

责任校对:余士龙　　**版式设计**:冯　睿

出版发行:武汉理工大学出版社

武汉市洪山区珞狮路 122 号　邮编:430070

http://www.wutp.com.cn　理工图书网

E-mail:chenjd@whut.edu.cn

经 销 者:各地新华书店

印 刷 者:湖北恒泰印务有限公司

开　　本:787×1092　1/16

印　　张:12

字　　数:202 千字

版　　次:2021 年 8 月第 1 版

印　　次:2021 年 8 月第 1 次印刷

定　　价:75.00 元

凡购本书,如有缺页、倒页、脱页等印装质量问题,请向出版社发行部调换。

本社购书热线电话:(027)87515798　87165708

出 版 说 明

航运与物流作为国家交通运输事业的重要组成部分，在国民经济尤其是沿海及内陆沿河沿江省份的区域经济发展中起着举足轻重的作用。我国是一个航运大国，航运事业在经济社会发展中扮演着重要的角色。然而，我国航运事业的管理水平和技术水平还不高，离建设航运强国的发展目标还有一定的差距。为了研究我国航运交通事业发展中的安全生产、交通运输规划、设备绿色节能设计等技术与管理方面的问题，立足于安全生产这一基础前提，从航运物流与社会经济、航运物流与生态环境、航运物流与信息技术等角度用环境生态学、信息学的知识来解决我国水运交通事业绿色化和智能化发展的问题，促进我国航运事业管理水平与技术水平的提升，加快航运强国的建设。因此，武汉理工大学出版社组织了国内外一批从事现代水运交通与物流研究的专家学者编纂了《现代航运与物流:安全·绿色·智能技术研究丛书》。

本丛书第一期拟出版二十多种图书，分为船港设备绿色制造技术、交通智能化与安全技术、航运物流与交通规划技术、内河航运技术等四个系列。本丛书中很多著作的研究对象集中于内河航运物流，尤其是长江水系的内河航运物流。作为我国第一大内河航运水系的长江水系的航运物流，对长江经济带经济发展的促进作用十分明显。2011 年年初，国务院发布《关于加快长江等内河水运发展的意见》，提出了内河水运发展目标，即利用 10 年左右的时间，建成畅通、高效、平安、绿色的现代化内河水运体系，2020 年全国内河水路货运量将达到 30 亿吨以上，拟建成 1.9 万千米的国家高等级航道。2014 年，国家确定加强长江黄金水道建设和发展，正式提出开发长江经济带的战略构想，这是继“西部大开发”、“中部崛起”之后的又一个面向中西部地区发展的重要战略。围绕航运与物流开展深层次、全方位的科学研究，加强科研成果的传播与转化，是实现国家中西部发展战略的必然要求。我们也冀望丛书的出版能够提升我国现代航运与物流的技术和管理水平，促进社会经济的发展。

组织一套大型的学术著作丛书的出版是一项艰巨复杂的任务，不可能一蹴而就。我们自 2012 年开始组织策划这套丛书的编写与出版工作，期间多次组织专门的研讨会对选题进行优化，首期确定的四个系列二十余种图书，将于 2017 年年底之前出版发行。本丛书的出版工作得到了湖北省学术著作出版专项资金项目的资助。本丛书涉猎的研究领域广泛，在这方面的研究成果众多，首期出版的项目不能完全包含所有的研究成果，难免挂一漏万。有鉴于此，我们将丛书设计成一个开放的体系，择机推出后续的出版项目，与读者分享更多的我国现代航运与物流业的优秀学术研究成果，以促进我国交通运输行业的专家学者在这个学术平台上的交流。

现代航运与物流:安全·绿色·智能技术研究丛书编委会

2016 年 10 月

前　言

本书系统地介绍了面向海事监管的无人机选型及船名检测与识别相关研究工作。现阶段海事管理部门采用的海事监管模式存在监管范围有限、违法行为取证难、反应速度不及时等弊端，难以有效适应“空、海、地”三位一体海事监管的新要求。而无人机具有技术先进、易于集成各类传感器、实用性强等优点，非常适宜海事监管任务。船名作为船舶合法航行的重要身份标识，具有唯一性和必需性。在海事监管活动中，利用无人机实现监管区域的常态化巡航，采用合理高效的算法检测识别巡航图像中的船名能有效地提升海事监管效率。面向海事监管的无人机选型及船名检测与识别涉及模块化吊舱设计、无人机搭载吊舱、面向海事监管的船名图像数据集构建、船舶名称检测与识别网络设计、监管与应急技术框架搭建等一系列研究工作。

在国家自然科学优秀青年基金（52022073）、国家自然科学面上基金（62073251）、湖北省自然科学基金（2020CFA055）、交通运输行业高层次人才培养项目（2019-011）等项目支持下，本书系统总结了作者多年来在面向海事监管的无人机选型及船名检测与识别领域的研究工作，提出使用搭载模块化吊舱的无人机执行海事监管任务的新型技术，实现了对船舶超载、非法排污、非法明火等违规违章作业和水上交通事故巡察、发现和取证；研发了基于无人机的快速搜寻落水人员一体化设备，解决了多种天气海况下落水人员搜救难题，提高了搜救效率；构建了深度强化学习算法，突破了船舶名称检测与识别关键技术。本书解决了面向海事监管的无人机选型及船名检测与识别系列关键技术问题，服务国家“十三五”现代综合交通运输体系发展规划，为显著提升中国现代海事监管技术提供理论指导和技术支持。

本书结构安排如下：第 1 章为绪论，简要阐述我国现代海事监管研究现状；

第 2 章介绍了海事监管与应急技术对无人机平台的技术需求；第 3 章、第 4 章、第 5 章依次开展了模块化吊舱设计、吊舱内相关设备选型和面向海事监管的无人机与吊舱类型选取研究；第 6 章、第 7 章、第 8 章依次介绍了面向海事监管的船名检测与识别关键技术分析、船名检测算法和船名识别算法；第 9 章构建了监管与应急技术框架，设计并实现了多任务智能分配平台搭建。书中列出了大量的仿真和实验平台试验实例，以增进可读性及可操作性，同时为本书成果的推广应用提供指导和借鉴。

本书旨在总结新近已取得的面向海事监管的无人机选型及船名检测与识别问题相关研究成果，为解决模块化吊舱设计、无人机搭载吊舱、面向海事监管的船名图像数据集构建、船舶名称检测与识别网络设计、监管与应急技术框架搭建系列研究工作提供理论指导和关键技术支持。

本书由武汉理工大学马勇，河北海事局齐正胶，武汉理工大学余永升、李昊、徐扬合著。

在撰写本书过程中，参考了大量相关文献，在此谨向其作者深表谢意。

由于作者水平有限，本书难免存在疏漏与不妥之处，恳请广大读者批评指正。

著　者
2021 年 6 月

目　录

1 绪 论

1.1 引言

近年来,我国海事监管体系日臻完善,海事监管任务也呈现出多样化、复杂化的趋势。当前,海事管理部门采用的海事监管模式存在监管范围有限、违法行为取证难、反应速度不及时等弊端,难以有效适应“空、海、地”三位一体海事监管的新要求。而无人机(Unmanned Aerial Vehicle, UAV)具有技术先进、易于集成各类传感器、实用性强等优点,非常适宜海事监管任务。船名作为船舶合法航行的重要身份标识,具有唯一性和必需性。在海事监管活动中,利用 UAV 实现监管区域的常态化巡航,采用合理高效的算法检测识别巡航图像中的船名能有效地提升海事监管效率。

为提升海事监管水平,进一步增进船舶违法行为的调查取证能力、扫除海事监管盲区,本文围绕面向海事监管的船名检测与识别这一主题,开展了以下研究:

针对海事监管在效率和范围上的局限性,提出使用搭载模块化吊舱的无人机执行海事监管任务的新型技术,对船舶超载、非法排污、非法明火等违规违章作业和水上交通事故进行巡察和取证,同时针对海上遇险应急搜救中的搜救效率问题,研发基于无人机的快速搜寻落水人员一体化设备,能够应对多种天气海况下落水人员搜救难题,提高搜救效率。针对以上的海事监管问题,本项目采用多种无人机型号相互配合的策略,完成基本的海事监管职能,通过搭载应急处置模块化吊舱实现对遇险人员的快速救助,利用无人机的远洋通信功能,帮助搜救力量快速达到事故地点。

在海事监管日常巡航和应急搜救领域存在技术革新的迫切需求,对无人机的机动性、操作方式、成本、效率、续航等方面进行全面分析和判断,针对客观要求选出适合多场景下的无人机型号,模拟多种海事场景对无人机性能进行严格测试,初步建立起曹妃甸海事局基于多种任务的无人机海上巡航、应急处置无人机使用和模块化吊舱标准。

针对船名检测与识别基准数据集缺失的问题，本文以 UAV 实地拍摄在航船舶图片为基础，同时利用网络爬虫手段为补充，构建面向海事监管的船名图像数据集，数据集规模为 123418 张，为后续船名检测与识别工作提供数据基础。在构建船名图像数据集过程中，在获取和筛选船名图片时，充分考虑了船名位置、船舶类型与外在环境等方面的差异性，充分保证了数据集的科学性和有效性。

随后，针对船名区域的高宽比、出现位置与颜色等特征呈现差异化分布的特点，提出了一种 SN Mask R-CNN 船名检测方法。该方法将标准 Mask R-CNN 中的特征提取网络 ResNet 替换为 ResNeXt 网络以降低网络复杂度，加快模型收敛速度，引入 RPN 网络以快速生成船名候选区域，采用双线插值方法降低特征提取船名 ROI 时的误差。实验结果表明，提出的船名检测算法定位精度与召回率分别达到了 98.13%、97.12%，检测速度达到4.66 帧/s。结果证实，提出的 SN Mask R-CNN 船名检测方法，能够满足海事监管背景下对船名检测高效、准确的需求。

最后，针对船名识别任务尺度复杂和类别多样的特点，提出了一种基于 CRNN 的船名识别方法。该方法将船名图片视作一个字符序列，通过卷积层提取输入船名图像的特征序列，交由循环层进行预测并输出单帧检测结果，最终转录层将单帧预测结果转录为船名输出。实验结果表明，本文提出的方法在验证集上的船名识别准确率达到了 98.52%，船名字符准确率达到了 97.32%，均高于基于 OCR 的传统船名识别方法，能有效解决船名识别问题。

1.2 研究背景及意义

2017 年 7 月，中共中央、国务院印发的《“十三五”现代综合交通运输体系发展规划》[1] 明确要求：加快监管体系建设，健全智能决策与监管，完善近海和内河水上交通安全监管系统布局，加强远海动态巡航执法能力建设。近年来，我国海事监管体系日臻完善，海事监管任务也呈现出多样化、复杂化的趋势。当前，海事管理部门采用的海事监管的模式，主要依托船舶自动识别系统（AIS）、船舶交通管理系统（VTS）、闭路电视监控系统（CCTV）等现代监管系统并配合海事巡逻艇来开展各项监管活动。上述模式，在一定程度上推动了海事管理信息化建设进程，但仍存在监管范围有限、违法行为取证难、反应速度不及时等弊端，难以有效适应“空、海、地”三位一体海事监管的新要求。

为此，如何创新当前海事监管模式，完善海上安全监管成为行业亟待解决的问题。

在海事监管活动中，船名是海事监管部门对船舶安全通航监管和违法行为调查取证的重要依据。诸多国家和地区对船名的印刷位置、字符选取都作了明确规定。根据《中华人民共和国船舶登记条例》[2]第三十一条规定船舶应在“船首两舷和船尾标明船名”，第十条规定“一艘船舶只准使用一个名称，船名由船籍港船舶登记机关核定。船名不得与登记在先的船舶同名或者同音”。当前，部分海事管理部门从实际需求出发，配备无人机来加强监管手段，一定程度上改善了管理效率[3]。然而无人机飞行速度快，主要依赖操控人员来识别来往船只，存在船舶识别率低、作业效率不高的问题。有必要将无人机设置成自动巡航模式，采集大量的船舶图片传回岸基中控中心，设计高效的算法实现船名检测与识别，必将提升船舶识别率，显著提升海事监管效率。

船名是船舶合法航行的重要身份标识，具有唯一性和必需性[4]。在海事监管活动中，利用无人机实现监管区域的常态化巡航，针对巡航图像中包含的船名信息，采用合理高效的算法检测识别船名意义重大。开展船名检测识别工作，将进一步完善近海和内河水上交通安全监管系统布局，提升海上动态巡航执法水平。本文研究工作为新时代下海事管理部门开展海事监管提供一种新方法和新思路。

1.3 国内外研究现状

1.3.1 我国海事监管现状分析

图 1-1 为当前我国海事监管系统框架，主要包括船舶自动识别系统(AIS)、船舶交通管理系统(VTS)、闭路电视监管系统(CCTV)、海事巡逻船等监管设备、系统及装备。

船舶自动识别系统(AIS)通过甚高频(Very High Frequency, VHF)向附近水域船舶及岸台广播船速、船位、航向等船舶动态信息和船名、吃水、呼号等船舶静态信息，以便互相沟通协调并采取必要的避让行动，对保障海事安全有积极的作用[5]。根据国际海事组织(IMO)规定，300 总吨以上的非国际航行船舶以及 500 总吨以上的国际航行船舶，必须强制安装 AIS 设备。上述

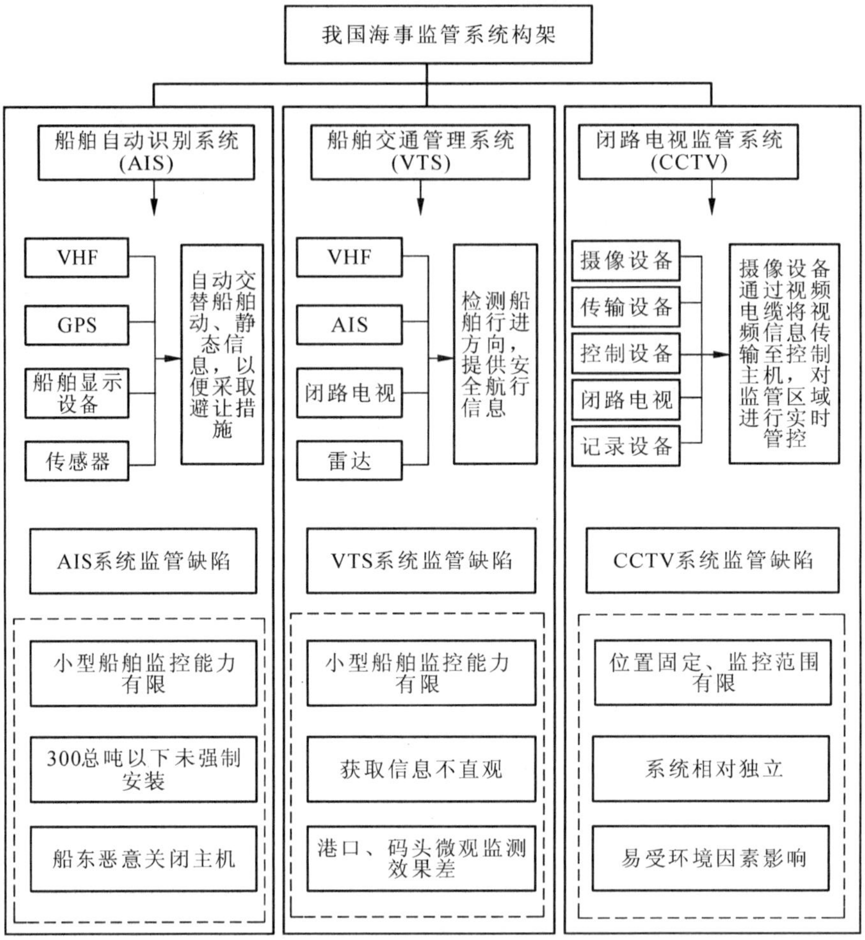

图 1-1　我国海事监管系统框架

规定尚未对 300 总吨以下的船舶做出强制安装 AIS 的规定。同时，部分营运船舶出于节省燃油成本、逃避主管机关监管、AIS 设备故障等原因，AIS 设备处于关闭状态的情况时有发生。AIS 设备的缺失或暂停工作的情况，导致海事管理工作出现了监管盲区。

船舶交通管理系统(VTS)[6]通过集成雷达、通信、网络、无线电测向、AIS 等多种装备和技术手段，实现对船舶的监控、助航和交通组织服务，是一种船舶交通综合管理平台。海事管理部门通过 VTS 检测，能够获得监管区域船舶的大小及方位，并实现实时追踪。通常，VTS 可有效监管指定水域内的大中型船舶，然而对小型船舶的检测与监管能力相对不足。与此同时，受制于雷达布设及功能限制，VTS 无法全面覆盖码头、港口等相关区域。此外，VTS 获得的信息不是直观的图像。由此可见，当前 VTS 的应用尚存在一定的局限性[7]。

闭路电视监管系统(CCTV)[8]主要由摄像设备、传输设备、控制设备、闭路电视、记录设备等一系列设备组成。摄像设备通过同轴视频电缆将所检测到的视频图像信息传输至控制主机,控制主机将视频图像信息分配至各监视器。CCTV 主要安装在监管区域中的重点桥梁、坝区、港口等位置,其监管范围通常受制于设备安装位置的限制,功能发挥相对有限。另外,CCTV 相对独立,易受恶劣天气的影响,在一定程度上弱化了其海事监管的能力。

现有海事监管技术手段在应对我国大规模的水上交通流量、日益复杂的通航环境挑战方面,面临监管的空间延展性和时间连续性等诸多限制。无人机(Unmanned Aerial Vehicle, UAV)[9]作为一种由动力驱动、机上无人驾驶的航空器,因其具备技术先进、易于集成各类传感器、实用性强等优点,已被广泛用于民用领域。目前,诸多海事管理部门致力于建立基于无人机的立体海事监管体系,即通过无人机搭载任务吊舱来配合现有岸基海事监管系统以扫除当前海事监管的盲区。然而,在无人机巡航监管作业的过程中,若仅依靠人力对无人机获取的图像信息进行甄别来识别船舶,必然导致船舶识别成功率和作业效率偏低,无法显著改善海事管理部门的立体监管能力。若将无人机设置为自动巡航模式,主要针对通航密集及危险区域开展巡航工作,同时设计合理高效的算法实现船名的自动检测和识别工作,将极大地提升海事监管效率。为此,有必要从当前海事监管的实际出发,解决无人机巡航作业自然场景下的船名检测与识别问题,以深入推动现有海事监管模式的转型升级。

1.3.2 字符检测研究现状

面向海事监管的船名检测,是指无人机在对重点监管水域/海域巡航过程中,将拍摄的在航船舶图像提供给岸基中控中心,中控中心通过船名检测与识别算法,进而输出包含船名位置的区域。船名检测任务归属于目标检测中的字符检测任务。近年来,针对自然场景下字符检测问题,相关专家学者做了大量工作[10-12]。

传统的字符检测方法主要有两种,分别是基于滑动窗口的字符检测方法[13]和基于连通域的字符检测方法[14]。基于滑动窗口的字符检测方法,是将字符视作一种特殊的纹理类型,通过滑动窗口扫描图片,根据场景字符具有高密度边缘、字符上下的低梯度等纹理属性，使用分类器区分字符区域和非字符区域。Wang 等人[15]通过设定固定大小的滑动窗口来检测最有可能包含字符信息的区域。Jaderberg 等人[16]使用尺寸不一的滑动窗口对图像进行全位置扫描。基于滑动窗口的方法需要花费大量时间来调整分类器各项参数，仅对水平字符检测效果较好，对任意方向和尺度变化的字符检测异常敏感、效果欠佳。

基于连通域的文本检测方法，先是利用区域特征提取算法查找输入图像的连通域，而后将提取到的连通域输入至分类器以过滤非字符区域，代表性算法有笔画宽度变换(Stroke Width Transform, SWT)[17]和最大极值稳定区域(Maximally Stable Extremal, MSER)[18]。Neumann 等人[19]最早提出了一套完整的基于最大稳定极值区域的检测及识别算法，该方法基于分水岭算法的思想完成对输入图像文字区域的检测。基于连通域的字符检测方法对尺度变化和任意方向的字体不敏感，在光照不均匀、连接字符等情况下检测效果不佳。

随着计算机并行计算能力的显著提升，近年来，基于深度学习的字符检测算法大放异彩，主要分为基于目标检测的方法和基于图像分割的方法[20]。基于目标检测的字符检测方法遵循深度学习中一般物体检测的处理流程，将字符看作"物体"的一种，在现有网络模型的基础上，针对字符区域高宽比较大的特点对网络结构进行调整。Shi 等人[21]将字符视为小块单元进行旋转和回归，将 SSD(Single Shot MultiBox Detector)改为多方向模型并将小块之间的连接关系融入至网络中进行学习。Tian 等人[22]提出将循环神经网络与卷积神经网络相结合对图片字符区域进行检测。基于目标检测的字符检测方法，能较好地解决水平字符的定位问题，对于非水平字符的检测还需设计包含角度信息的候选框生成方法。基于图像分割的方法是目前解决倾斜字符检测问题的主要方法，该方法得益于深度学习算法在图像分割中的应用。He W 等人[23]将全卷积神经网络(Fully Convolutional Networks, FCN)用于解决字符检测任务中，其主要思想是将字符局部和字符全局与粗粒度策略集成，在粗层级上利用 FCN 生成非文字显著图。Polzounov A 等人[24]将神经网络通过字符之间的间隙，检测字符的边缘区域来分割字符。

基于深度学习的文本检测方法可以对更多、更复杂的影响因素进行拟合和建模，对于开展船名检测任务具有一定的借鉴意义[25]。上述各类深度学习模型仅仅是针对一般文本检测任务设定，并不能很好地应对船名位置检测特有的难点，如尺度复杂、数据量不足等。要实现船名的有效检测，需要结合船名自身特点，优化现有的深度模型各项参数，设计出面向海事监管的船名检测算法。

1.3.3 字符识别研究现状

面向海事监管的船名识别，是指在完成船名检测任务的基础上，对船名位置区域包含的字符信息进行识别[26]。船名识别任务受到诸多因素的干扰，包括船名字符尺度、光照不均、背景复杂变化等。船名识别的准确性，反映出船名检测与识别工作的可靠性，直接影响着海事管理的监管质量，直接决定了海事监管水平。

传统的字符识别方法主要是先基于有向梯度直方图特征（Histogram of Oriented Gradient，HOG）、局部二值模式（Local Binary Pattern，LBP）等特征提取器对待识别区域字符进行特征提取，再训练分类器进行文字识别[27]。传统字符识别方法在进行字符识别前，往往需要开展字符矫正和字符分割等预处理工作。字符矫正[28]的目的在于得到水平和垂直方向上都较为规整的字符串。字符分割[29]的目的是将待识别区域的字符进行切分送至分类器进行训练。传统方法对字符识别的精度十分依赖识别前的预处理工作，同时传统字符识别方法所选择的分类器拟合能力有限，对解决字符尺度复杂和类别多样的船名识别工作提供的借鉴有限。

基于深度学习的字符识别，是将识别区域字符视作一种结构化输出分类问题。Alsharif 等人[30]提出利用卷积神经网络（Convolutional Neural Network，CNN）将字符图片分割以形成多个小段，并利用另一个 CNN 对字符小段进行分类，最后使用马尔可夫模型（Hidden Markov Model，HMM）综合得到识别结果。Jaderberg 等人[31]提出通过深度神经网络对单词直接进行分类，该网络输入的是待识别区域的完整字符图片，输出的是字符类别的概率向量。Li 等人[32]提出一个基于深度神经网络的车牌字符识别方法，首先使用卷积神经网络进行车牌定位和去伪，在此基础上，训练一个基于长短期记忆网络机制的循环神经网络并用以识别字符。

Shi 等人[33]提出了一种名为卷积循环神经网络（Convolutional Recurrent Neural Network，CRNN）的字符识别神经网络模型。CRNN 可以在底端接收长短不一的待识别图像，并在顶端直接输出字母序列。该方法将字符信息转化为序列信息进行处理，保留了字符间的关联信息。鉴于 CRNN 网络结构高度契合船名字符长短不一、前后关联的特点，本文拟在 CRNN 的基础上优化模型以完成船名字符识别任务。

1.3.4 国内外无人机应用现状

随着无人机应用于各种新领域，无人机的潜在市场也在快速扩大。无人机属于机器人的一个分支，等同于“会飞的机器人”。这也是无人机市场的商机吸引着众多创业公司目光的缘由，图 1－2 所示为多旋翼无人机。以下对国内外无人机发展现状进行分析。

图 1-2 多旋翼无人机

我国无人机相关研究起步较晚，到 20 世纪 70 年代才开始自主研制无人侦察机，80 年代初装备部队[34]。改革开放以后，在民用领域中探索可行性。目前我国从事无人机行业的单位有 300 多家，形成配套齐全的研发、制造、销售和服务体系的有 160 家左右。《2017－2027 年中国多轴无人机行业发展前景分析及发展策略研究报告》表明，研制投入使用的无人机型多达百余种，小型无人机技术已逐步完善，战略无人机已成功试飞，攻击无人机也已试射空地导弹并取得多次成功。研究机构 EVTank 此前在《2015 年度民用无人机市场研究报告》[35]发布的数据显示，2014 年全球无人机销量约为 39 万架，其中军用无人机占 4%，民用无人机占 96%；2014 年中国无人机销量约 2 万架，其中军用无人机约占 1.4%，民用无人机占 98.6%；2014 年中国民用无人机销售规模达到 40 亿元。

美国国家航空航天局（NASA）新成立了一个无人机应用中心，专门开展无人机的各种民用研究，它同美国国家海洋与大气管理局（NOAA）合作利用无人机进行天气预报、地球变暖和冰川消融等科学研究[36]。“伊哈纳”无人机是军用无人机“捕食者”的一种改型，用于民用和环境监测用途。

美国已将无人机越来越多地运用到各行各业中。NASA 将军方原本用于战场的大型高空无人机改造，用来进行对海洋的监视和研究工作。

以色列是全球范围无人机设计制造技术最为先进的国家之一[37]。以色列组建了一个民用无人机及其工作模式的试验委员会，埃尔比特系统公司领先完成了规定程序，其赫尔姆斯 450 无人机在 2007 年 5 月取得了民用证书。2008 年，以色列飞机工业公司马拉特子公司的中高空长航时“苍鹭”无人机取得了在以色列空域中执行非军事任务的证书，此后相关部门合作进行了多种民用任务的试验飞行。

A-03 Nart 是由俄罗斯 Antigrad Air 公司研发的多用途无人机。执行任务如灾难性自然天气事件的预防，在干旱地区人工降雨的形成，监控道路、水和陆地表面、天气和环境条件等。该机的几何及性能参数如下：全长 5.2 m，翼展9.0 m，最大起飞重量 1100 kg，驱动力为 2 台 PD-317 螺旋桨发动机，最大速度 450 km/h，续航时间 50 h，最高高度 8000 m，远程控制，包括自动化系统监控和气象局监控站，通过固定发射架或者卡车弹射架升空。可以装载 MITS 多功能信息传输系统。按需求也可以广泛运用在执法部门。

欧洲 2006 年制定并立刻多方集资付诸实施“民用无人机发展路线图”，首期跨度为 6 年。“路线图”预计民用无人机市场从 2010 年开始迅猛发展，已突破 1 亿欧元大关，到 2015 年将上升到 2.7 亿欧元，其中地球观测约占市场的 3.7%，通信与海上监视各占市场的 13%，森林防火与灭火市场份额约 12%，治安执法占 3%。欧盟打算成立一个泛欧民用无人机协调组织，主要职责是市场评估、技术监视、空域管制、适航安全、标准制定、通用接口、成本控制等方面的试验研究。为解决最关键的空中安全与适航问题，荷兰已开始在非隔离空域进行“探测与回避”系统的研究与试验。

“工业 4.0”的核心是连接，即将生产线、生产设备、产品、供应商和客户联系在一起；本质是数据采集和处理，包括研发数据、生产数据、产品数据、工业链数据、运营数据、管理数据、销售数据和消费者数据；手段是集成，就是将不同的传感器、嵌入式中端系统、智能控制系统、通信设施通过 CPS 形成一个智能网络，通过该网络，人与人、人与机器、机器与机器及服务与服务之间，能够形成互联，从而实现横向、纵向和端到端的高度集成。

连接方面，无人机作为空中中转站，可发挥通信中继功能，解决复杂地形条件下电波覆盖问题，提供一个安全稳定的节点，保障数据连接和传输的畅通。

在美国，无人机、直升机、系留飞机、飞艇等空中平台进行的中继操作，已经实现了超视距传输，可满足指挥、控制和信息交流等多种需求。而我国的空中通信技术还处于理论分析和尝试阶段，距离实用化还有一定差距。

在数据采集和处理方面，无人机作为会飞的传感器，把人类的视野和感知延伸到了空中，使人类对物理世界的认识提到了一个新的水平。无人机具备强大、精准的数据采集功能，说是大数据革命也不为过。

由于监管政策不明确和普及程度不够等原因，无人机在各行各业所采集的数据暂时还无法实现相互连接，但随着推广程度的逐渐加深，无人机必将成为一个新的数据入口，后端大数据的挖掘及其与行业应用的结合将成为无人机服务的核心。大数据的出现标志着人类社会正在向智能社会迈进，而无人机在民用领域的应用拓展，更是为大数据时代提供了新的注脚。当今的无人机领域已经呈现出了从技术创新到产品创新、模式创新，再到业态创新，最后到组织创新的发展态势，而行业的创新发展将有利于智能社会的构建。总之，在技术层面上，无人机将会朝着更互联、更智能、运算能力更强的方向发展，将有助于工业 4.0 的实现。而工业 4.0 的不断推进，反过来也会带动对无人机产业和技术的不断进步。

经过前期研究，适合海事空中监管的机型主要有：小型固定翼飞机、轻型直升机、长航时固定翼无人机、中程固定翼无人机、近程固定翼无人机和无人直升机等。表 1-1 说明了海事系统所用无人机主要参数的对比，表 1-2 则说明了各种还是监管业务中适用的无人机类型。下面分别分析六类无人机的特点。

表 1-1　各种海事监管机型的主要参数比较

主要性能	小型固定翼飞机	轻型直升机	长航时固定翼无人机	中程固定翼无人机	近程固定翼无人机	无人直升机
巡航半径/n mile	500	150	1200	500	80	140
巡航速度/(km/h)	400	250	180	160	100	110
续航时间/h	—	3.5	28	12	3.5	6
升限/m	10000	6000 可悬停	7000	6000	3500	5000 可悬停
实际载荷能力/kg	1500	1500	200	100	7	50
抗风能力	≥6 级	≥6 级	≥6 级	≥6 级	≤6 级	6 级
使用费用	较高	较高	较低	较低	低	较低

表 1-2　各机型海事监管业务适应性

业务需求	机型					
	小型固定翼飞机	轻型直升机	长航时固定翼无人机	中程固定翼无人机	近程固定翼无人机	无人直升机
海事调查取证	适宜	适宜	适宜	适宜	适宜	适宜
溢油、排污监视和应急行动	适宜	适宜	适宜	适宜	适宜	适宜
应急搜寻	及时	及时	及时	及时	较及时	较及时
应急指挥	一般	适宜	一般	一般	不宜	适宜
远距离/大面积海区巡视	大部分	近海	全覆盖	大部分	近岸	近岸
航标巡检、航道测量、流量监测	适宜	适宜	适宜	适宜	适宜	适宜
随船远海巡航	不宜	适宜	不宜	不宜	不宜	适宜
恶劣环境条件	不宜	不宜	适宜	适宜	适宜	适宜

(1)小型固定翼飞机

小型固定翼飞机具有很强的载荷、巡航能力,可负载光电吊舱、侧视雷达、AIS、搜索雷达、红外/紫外扫描仪、强光搜索灯等多种海事任务设备,适用于海事调查取证、溢油与排污监视和应急行动、远距离/大面积海区巡视、航标巡检、航道测量以及船舶流量监测等多项海事监管业务。此外,其还可装载一定的救援设备,执行部分救援任务。

(2)轻型直升机

轻型直升机同样具有很强的载荷能力,同样可搭载多种设备,加之其悬停能力，特别适宜现场应急指挥、海事调查取证、溢油与排污监视和应急行动等业务，但由于巡航半径相对较小（约 150 n mile），多用于近岸海事监管或随大型巡逻船（千吨级）执行远海船机立体巡航。与小型固定翼飞机类似，其也能完成部分救援任务。

（3）长航时固定翼无人机

长航时固定翼无人机具有较强的载荷能力以及超强的巡航能力，可负载合成孔径雷达进行高空大范围海域的扫描以及远海海域的巡视。另外，在天气情况不佳时，可降低飞行高度，甚至低空巡航和盘旋时利用光电吊舱进行调查取证，并可通过卫星链路将侦察数据实时回传。

（4）中程固定翼无人机

中程固定翼无人机也具有大范围海域扫描、巡视、低空巡航和调查能力，但其巡航能力和负载能力弱于长航时固定翼无人机，作用海域在 500 n mile 以内，其购置成本和运行成本低于后者。

（5）近程固定翼无人机

近程固定翼无人机由于载荷能力、巡航范围较小，主要负载光电设备，承担近岸海区的巡航工作，调查数据同样可通过视距数据链路实时回传。

（6）无人直升机

无人直升机属于小型无人机，由于载荷能力和巡航范围较小，主要在低空领域飞行，因此适宜在近海或随船远海进行海事巡航，部分具有替代有人直升机进行海事巡航监管和协助现场应急指挥等的功能。

2 海事监管与应急技术对无人机平台的技术需求分析

2.1 引言

本文针对海事监管在效率和范围上的局限性，提出使用搭载模块化吊舱的无人机执行海事监管任务的新型技术，对船舶超载、非法排污、非法明火等违规违章作业和水上交通事故巡察、发现和取证，同时针对海上遇险应急搜救中的搜救效率问题，研发基于无人机的快速搜寻落水人员一体化设备，能够应对多种天气海况下落水人员搜救难题，提高搜救效率。针对以上的海事监管问题，本文提出多种无人机型号相互配合的策略，完成基本的海事监管职能，通过搭载应急处置模块化吊舱实现对遇险人员的快速救助，利用无人机的远洋通信功能，帮助搜救力量快速到达事故地点。

在海事监管日常巡航和应急搜救领域存在技术革新的迫切需求，对无人机的机动性、操作方式、成本、效率、续航等方面进行全面分析和判断，针对要求选出适合多场景下的无人机型号，模拟多种海事场景对无人机性能进行严格测试，初步建立起曹妃甸海事局基于多种任务的无人机海上巡航、应急处置无人机使用和模块化吊舱标准。

海事监管系统包括管理系统和信息平台，并由数据交换平台进行交互[38]。其中信息平台是基于无人机以及AIS系统等搜集海事事故和海域相关情况的信息，并生成相应的资源库和业务库等。经由数据交换平台传输给相关人员，进行基于水上交通信息服务的巡航管理和基于航运统计服务的通航管理以及应急救援服务。在信息平台的构建中数据安全、网络安全是在系统搭建过程中应该着重注意的问题。无人机操纵和进行数据处理人员的培训也是一个不容忽略的环节。

在充分进行数据搜集的基础上进行合理的海事管理，对海事无人机监管体系应该充分尊重海事相关政策法规，在系统安全和应用安全的基础上充分利用无人机等相关设备搜集的信息搭建海上巡航和应急搜救一体化海事监管体系，为此设计巡航搜救一体化服务中心，为海事服务提供数据存储和数据分析支持。

2.2 海事监管业务分析

2.2.1 海事巡航业务分析

海事巡航是指海事管理机构依照国际公约及国家有关法律、法规、规章、规定等对国家管辖水域进行航行安全和船舶防污染监视、通航秩序维护、抢险救助、海事行政执法的综合性海事行政活动[39]。

1. 非法排污

船舶非法排污，是指船舶违反有关国内法规及中国加入的国际公约的规定，未按标准排放污染物或超过标准向海洋排放污染物，或者向海洋排放禁止排放的污染物或其他物质等违法行为。

船舶非法排污行为的主要对象是船舶船底水、残油、油渣和油泥。船舶非法排污根据行为人的主观动机可分为故意类非法排污与过失类非法排污。有关数据表明，故意类非法排污的概率是过失类的 4.5 倍。根据经验，船舶处理生活垃圾时存在未按要求进行粉碎便直接投掷在海中的行为，船舶非法排放油污水、生活污水等则常通过以下几种方式排放：

(1)通过通岸接头外接软管；

(2)通过潜水泵加软管的方式；

(3)接软管旁通油水分离器；

(4)利用污油泵出口管路与其他舷外阀(锅炉下排污阀、冷却水出口阀等)相连排放污油水；

(5)通过喷射泵、货舱污水排放管路排出舷外；

(6)利用船舶配备有效的舱底水排出系统进行非法航行途中排污；

(7)私自改接污水泵、污油泵出口管路。

针对船舶含油污水(油轮压舱水、洗舱水及船舶舱底污水)、生活污水、垃圾的排放，《船舶水污染物排放控制标准》(GB 3552—2018)作出了规定[40]。如表 2-1、表 2-2、表 2-3 所示。

表 2-1 船舶含油污水最高容许排放浓度

排放区域	排放浓度(mg/L)
内河	不大于 15
距最近陆地 12 n mile 以内海域	不大于 15
距最近陆地 12 n mile 以外海域	不大于 100

表 2-2 船舶生活污水最高容许排放浓度(mg/L)

排放区域项目	内河	沿海	
		距最近陆地 4 n mile 以内	距最近陆地 4～12 n mile
生化需氧量	不大于 50	不大于 50	—
悬浮物	不大于 150	不大于 150	无明显悬浮物固体
大肠菌群	不大于 250 个/100 mL	不大于 250 个/100 mL	不大于 1000 个/100 mL

表 2-3 船舶垃圾排放规定

排放物	内河	沿海
塑料制品	禁止投入域	禁止投入水域
漂浮物	禁止投入域	距最近陆地 25 n mile 以内,禁止投入水域
食品废弃物及其垃圾	禁止投入域	未经粉碎的禁止在距最近陆地 12 n mile 以内投弃入海。经过粉碎颗粒直径小于 25 mm 时,可允许在距最近陆地 3 n mile 之外投弃入海

尽管规则明确规定了船舶含油污水、生活污水、垃圾的排放要求,部分船舶仍然存在侥幸心理,知法犯法。海事部门长期关注船舶非法排污行为,在海事巡航过程中对船舶进行检查。目前,青岛前湾海事处在查处非法排污案件中总结出查处航行途中非法排放污油水"六步工作法",即:一"观船体"、二"查文书"、三"巡机舱"、四"问船员"、五"拆管路"、六"验证据",并针对存在非法排污的船舶依法采取罚款、船员记分等行政手段予以处罚。但仍有船舶心存侥幸,故意非法排污,将排污地点选择在航行途中,且多数在夜晚排放,海事部门通常难以及时发现,靠其他船舶发现后报告,肇事船早已逃之夭夭,查处难度大。加上非法排污存在隐蔽性、复杂性、取证难等特点,海事监管的实践中,海事管理部门只能通过询问船员、查阅记录文书、检查设备等方法寻找破绽,受限于人员素质、执法环境和案发时间的限制,如果对船舶机舱布局、排污管路没有足够了解,很难发现蛛丝马迹[41]。

2. 交通状况和交通流评估

通航环境是指船舶、设施赖以安全航行、停泊和作业的且是船舶、设施自身条件以外的客观及社会外部因素构成的一个系统。通航环境要素主要包括通航环境自然条件(主要指供船舶使用的水域及水域的气象水文等自然条件)、通航环境基础设施(主要指通航水域内的导航、助航设施,人工航道,防波堤,锚地,码头泊位等通航基础设施)和通航环境社会条件(主要指为船舶提供的安全信息服务、航行作业的辅助服务、科学合理的水上交通秩序的组织和管理以及指挥、调度、安全保障条件等)。

通航环境是船舶航行、停泊和作业的外在前提条件,但其对水上交通既有限制性的一面,又有推动性的一面,良好的通航环境可以为船舶航行和作业提供安全保障,但差的通航环境不但影响船舶航行和作业的效率,甚至还对船舶和船员的安全造成威胁。因此,通航环境需要海事部门进行维护和改善,将限制性因素的影响降至最低限度。所谓通航管理则是指水上交通安全主管机关依据国家有关法律、法规和行政规章,在指定区域内实施的管理行为,其主要内容有通航环境、通航秩序以及相关的人为活动的管理。

作为通航环境社会因素之一的水域船舶交通流是评价某一水域内船舶交通状况的重要参考。水域船舶交通流指在一定水域,按照给定的方向运行的船舶总体或大量船舶,简称船舶流或交通流。交通流的运行状况由速度、交通量、密度这三种主要度量指标来确定。

交通量是指在已知时间间隔内,通过一条航道或航道某一断面的船舶总数,可分为年交通量、日交通量、小时交通量或不足一小时的时段交通量。交通量的大小直接反映某一水域船舶交通的规模或繁忙程度。由于交通量是随时间变化的,所以一般采用日平均交通量、月平均交通量或年平均交通量来表示。平均交通量可以写成:

$$\overline{Q} = \frac{1}{n}\sum_{t=1}^{n} Q_t$$

式中 $\overline{Q}$——平均交通量;

Q_t——单位时间间隔内的交通量;

n——时间间隔数。

单船速度是用船舶在单位时间内通过的距离表示,通常为 km/h。从海上交通工程研究的对象来看在表示交通流的特性时,一般所采用的速度标准是平均行程速度，计算平均行程速度系采用该航道的一段长度，除以船舶通过该航道的平均行程时间：

$$V = \frac{S}{\sum_{i=1}^{n} \frac{t_i}{n}} = \frac{nS}{\sum_{i=1}^{n} t_i}$$

式中 V——平均行程速度，km/h；

S——航道长度，km；

t_i——第 i 艘船通过该航道的行程时间，h；

n——观测行程时间的次数。

交通流的速度除了用上述方法表示，还可以用单位时间通过某一航道断面（门线）的船舶数量表示，单位为：艘/小时。

船舶交通流密度是指某一瞬时单位面积水域内的船舶数（单位：艘/ n mile²）。它反映水域中船舶的密集程度。其计算公式为：

$$\rho = \frac{1}{rs}$$

式中 ρ——船舶交通流密度，艘/km；

r——船舶领域的长轴，m；

s——船舶领域的短轴，m。

交通流量的零值会在两种截然不同的条件下出现：当航道上没有船舶时，密度为零，交通流量也为零；当密度高达所有船舶停驶的程度时，交通流量也是零。在这两个极端情况之间，船舶交通流的动态特性才产生最大的影响。当密度由零增加时，因为航道上行驶的船舶增多，所以交通流量也在增加，此时，由于船舶之间的干扰，速度开始下降。在低密度和低交通流量时，这种下降实际上可以不计。然而，密度持续增加达到某一值时，会使速度急剧下降。当密度增加和速度下降终于引起流量减少时，这时的船舶交通流量达到最大值。

参照公路交通拥堵判断原则，可将航道交通状况分为严重拥堵、一般拥堵和畅通三种。严重拥堵是指航道中船舶很多，船舶时动时停或完全停滞；一般拥堵是指航道中的船舶虽然较多，但是船舶尚能低速航行；畅通是指航道中的船舶不多，船舶能按正常速度航行。借鉴公路交通拥堵判定方法，当行驶速度下降到自由流速度的 30%时，交通开始出现拥堵，具体判定航道交通状态的标准为：

$$f(\rho,u)=\begin{cases}严重拥堵, & \rho_1 \geqslant \rho_0 \\ 一般拥堵, & u \leqslant 0.3u_0 \\ 畅通, & \bar{u} > 0.3u_0\end{cases}$$

其中，ρ_1 为航道实际密度，等于标准船舶艘次之和除以航道长度；ρ_0 为航道阻塞密度，指船舶密集到难以移动时的交通流密度；u_0 为自由速度，指畅通状态下的航道最高限速值，该值可定为 8 kn；$\bar{u}$为行驶速度。

曹妃甸港区全年各方向≥7 级风的出现频率为 4.9%，曹妃甸港区(以唐海县站统计)能见度≤1 km 的雾日数年平均 22 天，年最多雾日数 37 天(1990 年)，年最少雾日数 8 天(1986 年)。雾多发生在每年的 11 月至翌年 2 月份，此期间雾日约占全年的 77%。最长连续雾日数为 3 天。2018 年 7 月曹妃甸港区船舶流量 2409 艘次，进出港船舶 2880 艘次(其中进出港中国国际航行船舶 2648 艘次，进出港沿海船舶 2880 艘次，进出港外国籍船舶 232 艘次)。

由此可见，随着曹妃甸港区的发展和到港船舶的大型化，港区内船舶来往频繁，加之有时出现气象条件不良等情况，为保证船舶航行安全，辖区航运畅通，避免通航环境恶化，需要海事部门适时对辖区内船舶交通流进行监管，必要时采取调控措施，例如，曹妃甸港区目前采取的在风力大于 7 级或能见度小于 1000 m 的情况下实施临时交通管制等措施。通常情况下，对船舶交通流的监管和调控是由执法人员通过巡航到达水域现场监视水域环境，监督船舶遵守通航管理规则，巡视检查船舶航行、停泊和作业情况，制止影响通航安全的行为，通过观察和记录交通密集区的船舶通过情况，利用 VTS、AIS、CCTV、GIS、船舶动态管理系统、水文气象等辅助信息手段，了解船舶信息，掌握辖区船舶动态和交通状况，对船舶交通流进行合理调控，并针对大雾、大风等恶劣天气海况适时采取禁限航措施。但由于需要巡航的范围广，船舶数量众多，实际监管时执法人员常常力不从心。

3. 导航设施监管

航标是助航标志的简称，它是借助特定的标志、灯光、声响或无线电信号等，供船舶确定船位、航向，避离危险，使船舶沿航道或预定航线安全航行的助航设施。其作用是引导船舶沿航标所示的航道航行，供船舶定位，标示航道附近的沉船、暗礁等危险物，标示锚地，检疫锚地、渔区以及供船舶测定运动性能和罗经差等。

中国海区现行的航标制度是《中国海区水上助航标志》(GB 4696—2016)。它适用于中国海区及其海港、通海河口的所用浮标和水上固定标志(不包括灯塔、扇形光灯标、导标、灯船和大型助航浮标)[42]。该标准对于 AIS 航标虽然没有提出类别,但是明确了两种 AIS 航标的定义:

实体 AIS 航标:设置在航标上的 AIS 装置;

虚拟 AIS 航标:由 AIS 基站通过 21 号报文播发的虚拟航标信息。

根据航道的自然条件,配合适当的工程措施,通过设置、调整航标,为船舶标示安全、经济的航道是航道维护的主要措施,同时,对航标进行维护和管理,使每座标志始终处于正常的标位和保持良好的技术状态,是保障海上交通安全的重要环节。航标维护管理的基本任务主要有以下几点:

①编制航标配布设计图;

②按照航标配布设计图布设各种标志;

③对航标进行检查维护,做到标位正确,外形尺寸符合规定,颜色鲜明,灯光明亮,灯质视距符合要求,通行信号揭示正确、及时;

④探测航道,掌握航道变迁,及时调标改槽;

⑤及时恢复漂移、流失、损坏的航标和熄灭或失常的标灯;

⑥对航标进行维修、保养,使航标处于正常技术状态;

⑦进行航道扫床工作,搜寻航道内的碍航物和确定碍航物的位置、高程;

⑧发布航标异动和航行注意事项的航道通电和航道通告;

⑨做好航标维护和信号台工作的原始记录,建立航标技术档案;

⑩保护航标设施,制止偷盗和破坏。

通过航标维护和管理通常需要达到以下几点要求:

①标志位置正确,外形尺度符合规定;颜色鲜明,灯质、视距符合要求;在通视有效范围内无遮掩物。

②通行信号揭示正确、及时。

③航标维护正确率一类维护不小于 99%,二类维护不小于 95%,三类维护不小于 90%。

对航标进行维护和管理通常采取全面的现场巡检维护方式和电子信息巡检与针对性的现场修复方式。

(1)现场巡检维护方式

航标现场巡检，一是对水中浮动标志的标位检查，其灯器、太阳能、蓄电池等设备的检测，外观结构的查看及整理清洁；二是对固定标志巡检，其需要维护的主要内容有：外观结构检查，灯器、太阳能、蓄电池等设备的检测整理，进行简单的故障、失常修复工作。此外，个别较大的灯塔，以及 DGPS 台站、AIS 台站、音响雾号站点，还要配备人员实行 24 小时值守制度。《海区航标作业管理规则》中对航标巡检作出了规定：灯桩、导标、立标、灯浮标和浮标每月巡检一次，港内标志增加一次夜巡。我国沿海有很多重要灯塔、灯桩位于孤岛之上，加上近年来航标数量不断增加，点多、线长、交通不便，巡检维护工作按每月一巡，盲目巡检要花费大量人力、物力、时间，补给和维护十分困难。维护人员的业务工作量及海上工作风险程度加大，航标工年龄老化严重，给航标维护保养工作带来了极大考验。

(2)电子信息巡检与针对性的现场修复方式

随着信息技术的发展，航标遥测遥控系统已应用到航标巡检维护中来。航标遥测遥控系统是利用现代网络技术、电子海图技术、GPS 技术、通信技术和数据处理技术等，可以使航标主管部门远程、快捷确定航标故障，发布航标信息，提高航标管理效率和效能，降低维护成本，促进现代化管理和提高航标服务质量的综合性高科技应用系统。航标巡检维护人员利用航标遥测遥控系统实时跟踪航标工作状况，通过终端反馈系统的电流、电压、位置等各类数据监控航标的位置和工作状态[43]。

截至 2018 年 6 月 30 日，曹妃甸辖区共有航标 233 座，其中，公用标 9 座，专用航标 224 座（灯桩 53 座、灯浮标 160 座，雷达应答器 5 座，AIS 应答器 6 座），占航标总量的 96%。公用航标与专用航标比例“失调”，专用航标数量多，占比过大，辖区航标行业管理工作任务繁重，如图 2-1 所示。

曹妃甸港区夏季灯浮标主要采用 LED 灯器和点光源一体化灯器，冬季冰标主要采用全铜抗冰冻灯器，均已实现遥测遥控。通过遥测遥控系统综合监控界面，航标管理人员能够直观地监测航标运行状态，包括灯器的工作电压、电流，灯质，航标位置。当电压、电流、通信间隔、位置等重要参数超出设定范围，系统会显示红色字体以提醒航标管理人员，便于航标管理人员及时准确地了解航标状态，做出合理判定，制定及时有效的解决方案。

利用航标遥测遥控系统提高航标管理效率和效能，降低维护成本，但仍

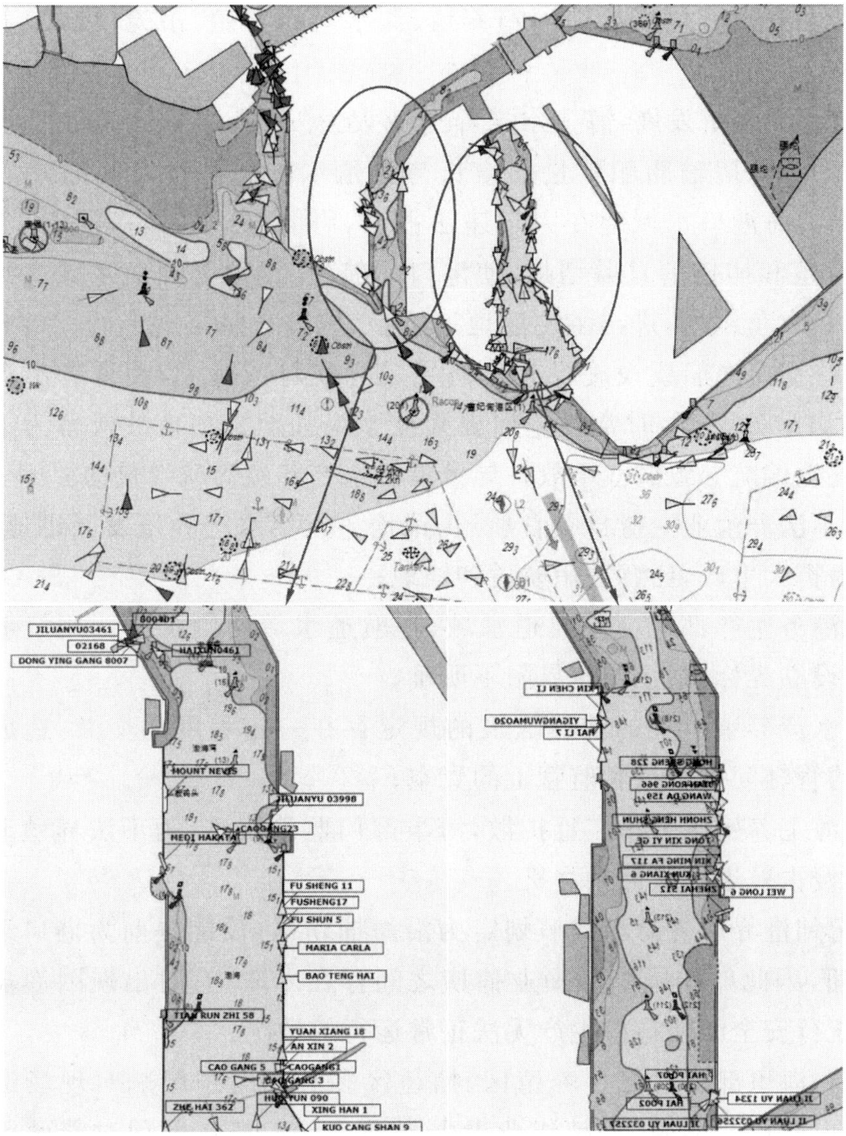

图 2-1 曹妃甸港区航标分布

需对有隐患或有故障的航标进行现场巡检维护，航标遥测遥控系统提供的航标数据的安全性、真实性、准确性还有待提高，该系统还存在遇浓雾、阴雨天气时常会发生超时误报警的问题，此外，虽然 GSM/CDMA 无线通信系统在航标遥测遥控系统的信息传输中应用较为成熟，但受到移动通信系统信号覆盖范围的限制，数字化航标终端配置范围有限。

4. 异常障碍物/养殖区

养殖区是指以区域环境承载力为基础，原则上作为适宜开展水产养殖的区域。海上养殖区包括近岸网箱养殖、深水网箱养殖、吊笼(筏式)养殖和底播养殖等。

随着海洋经济发展,海上水产养殖业大力发展,从浅海养殖发展到了深海养殖。同时,运输船舶数量的增长与养殖水域的扩张之间的矛盾日益突出。中国沿海港口水域存在大量违法占道、碍航、养殖、捕捞问题,未经合理规划的养殖和捕捞的日益增加,使港口的航道、锚地等通航水域遭到严重侵占,特别是在鱼汛期,进出港主航道、锚地水域被大量定置渔网、浮网、浮具等占据,这些捕捞渔船或设施没有任何导(助)航灯或标志,使得进出港商船的航行、锚泊十分困难,时常发生螺旋桨被缠绕甚至机损事故或者为了避让碍航物而发生偏航导致搁浅事故。导致沿海水产养殖碍航严重的原因主要有:

(1)不法养殖业主擅自蚕食航道、锚地。近年水产养殖发展迅速,不法养殖业主为扩大生产,任意占用航道和锚地;

(2)港务生产部门征用航道水域,在航道水域两侧没有征用足够的缓冲区,也未设立界标,禁止养殖界限不明确;

(3)水产养殖有关的法律法规的规定存在一定程度的交叉,造成碍航养殖捕捞的管辖问题复杂和监管上的真空;

(4)海上养殖区分布广且扩散,海事部门监管困难,为不法养殖业主扩大养殖区、侵占航道提供可乘之机。

曹妃甸港界以外海域均被划定为沿海捕捞区,没能提前为港口运转预留充足空间,因此船舶锚泊与渔业捕捞之间存在矛盾,有时出现因渔业捕捞妨碍船舶航行安全而使港口生产无法正常运行的情况。

目前,海事部门对海上养殖区、捕鱼区多利用巡逻船舶对现场巡查和清障,对侵占航道的养殖、种植作业责令限期清除。海事部门对养殖区的传统监测方法是用全球定位系统(GPS)进行现场测量。但由于养殖区分布范围广而且分散,巡逻船舶在养殖区航行困难,上述方法耗费大量人力、物力,仍难得到准确的监测结果。

5.航行异常行为监控(单艘船舶监控和跟踪)

船舶行为一般指船舶在驾驶人员的操纵下以航行和避让为主要目的所采取的行为方式及其规律。

船舶异常行为主要根据其运动、位置上的异常来判别。船舶航行异常可归结为以下几类:

(1)区域异常,如偏离航道或习惯航路、进入某类船舶通常不会进入的区域;

(2)速度异常,如航速超出正常范围、加减速行为反常、非正常抛锚;

(3)时间异常,如被禁止或不适宜夜航的船舶夜航;

(4)航向异常,如不按照分道通航制要求航行、在非习惯转向区域转向、转向时角度或速度反常、有类似搜救的转向行为;

(5)船舶自动识别系统(AIS)信号异常或关闭等其他情况。

对船舶在航道及其附近区域的异常行为进行有效的远程监管时,需要解决的几个重要的技术环节主要包括:

(1)在数百甚至上千平方千米的海域范围内快速、准确地将异常船舶从众多的船舶中识别出来作为重点监管对象;

(2)将 AIS 静、动态数据和 ECDIS 等数据整合,对船舶进行异常行为分析;

(3)用远程摄像机快速、准确地捕获异常船舶,对其进行行为观察,必要时进行取证;

(4)必要时能够调用多个远程摄像机自动、稳定跟踪目标船舶并持续取证。

针对船舶异常行为采取的监管手段中,船舶动态与航道监控信息系统已在部分港口管理局投入使用,通过该系统能够将视频数据与船舶 AIS 动态数据整合对港作船舶异常行为分析和自动报警跟踪。但该系统尚不完善,在自动跟踪模式下,很难对目标船舶实施长时间的稳定跟踪,出现“跟丢”现象。系统自动设定的摄像机水平角度、俯仰角度和焦距等参数也很难完全匹配,有时造成监控场景不完整、画面不清晰等问题,多数情况下需要人工调整才能获得比较满意的监控效果。

目前海事局 VTS 中心交通监管人员采取人工监控辖区内的船舶航行,当值班人员在监控屏幕上发现可能导致危险的交通态势时,通过甚高频语音提醒当事船舶目前面临的危险局面,给出航行建议,从而避免危险发生。随着到港船舶的数量增加,特别是进出港高峰时段,船舶数量剧增,海上交通态势复杂,值班人员负担加重,无法时刻对海域内所有船舶进行视觉监控,因而 VTS 指挥中心工作人员面临巨大的工作压力。

6.水上船舶信息管理(船舶信息化管理,获取信息监控)

水上船舶信息管理通常是利用船舶自动识别系统(AIS)配合全球定位系统(GPS)将船舶实际位置、船速、改变航向率及航向等船舶动态结合船名、呼号、吃水,船舶尺度及危险货物等船舶静态资料,由甚高频(VHF)频道向附近水域船舶及岸台广播,或由海事部门通过信息服务平台向公众开放[44]。

通过AIS可获得船舶的固定或静态信息、动态信息、与航次相关的信息以及与安全相关的信息。固定或静态信息包括船名、船舶呼号、IMO编号、船长、船宽、船舶类型等;动态信息包括经度、纬度、船首向、航迹向、航速、航行动态等;与航次有关的信息包括船舶吃水,目的港、ETA航线计划等;与安全相关的信息如发现冰山或浮标移位等。

利用AIS获取船舶信息可有效减少船舶报告,优化对进出港船舶的监督管理。曹妃甸水域船舶报告制(2018)规定客船、危险品船舶、500总吨及以上的其他船舶驶入规定的三条报告线与岸线所围成的水域时,需要报告船名、呼号、IMO编码、位置、航向、航速、上一停靠港、目的港、吃水、缺陷及限制(拖船应报告其拖带长度及被拖物名称)、危险货物等内容。如遇英语会话能力不好的船舶,船舶报告可能需要耗费较多时间,通过AIS自动传送和接收上述的大部分信息后,工作人员可以专心对辖区水域船舶交通态势进行监控分析。曹妃甸水域船舶报告制(2018)示意图如图2-2所示。

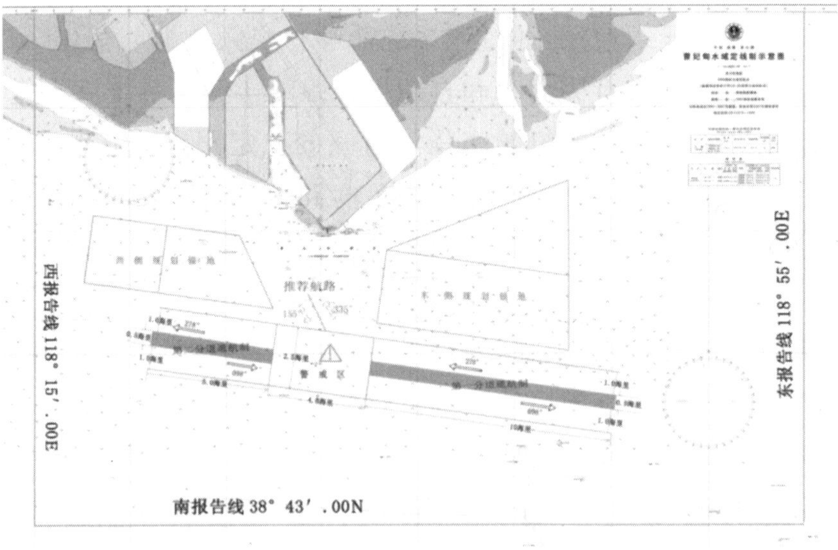

图 2-2　曹妃甸水域船舶报告制(2018)示意图

7. 特殊水域监控(锚地、施工水域)

(1)定线制水域

定线制水域是指实行了定线制的水域,是指一条或数条航路的任何制度或定线措施,旨在减少海难事故的危险,它包括分道通航制、双向航路、建议航线、避航区、禁锚区、沿岸通航带、环行道、警戒区和深水航路。

根据《国际海上避碰规则》,在定线志水域航行的船舶遵守特定的规则,我们重点关注其中有关船舶行驶的部分[45]。①在相应的通航分道内顺着该分道的交通总流向行驶;②尽可能让开通航分隔线或分隔带;③通常在通航分道的端部驶进或驶出,但从分道的任何一侧驶进或驶出时,应与分道的交通总流向形成尽可能小的角度。④船舶应尽可能避免穿越通航分道,但如不得不穿越时,应尽可能以与分道的交通总流向成直角的船首向穿越。

船舶定线可以增进船舶会聚区域和交通密集区域或因水域空间有限、存在航行障碍物、水深受限、气象条件不宜等而使船舶行动自由受到限制的区域的航行安全。也可防止或减少由于船舶在环境敏感区域或附近发生碰撞、搁浅或锚泊而对海洋环境造成污染或其他损害的危险。

曹妃甸水域自然条件良好,曹妃甸甸前水域 500 m 水深就达 20～30 m,25 m 水深水域直通渤海海峡,通向黄海。本水域多年常风向为 S,次常风向为 SW;常浪向为 S,次常浪向为 SW,强浪向为 ENE;水域涨潮流偏西,落潮流偏东,其流向受地形控制明显,近岸水域及甸头附近的潮流沿等深线运动,实测最大涨潮流速 1.92 m/s,流向 248°,实测最大落潮潮流速 1.08 m/s,流向 103°。

曹妃甸分道通航是船舶进出天津港和曹妃甸港区的重要通道,水深基本能满足 30 万吨级船舶安全航行。曹妃甸水域船舶定线制由第一分道通航制、第二分道通航制、第三分道通航制和警戒区组成。第一分道通航制通航分道长 10 n mile、宽 1 n mile,西行船舶主流向为 278°,东行船舶主流向为 098°。第二分道通航制通航分道长 5 n mile、宽 1 n mile,西行船舶主流向为 278°,东行船舶主流向为 098°。第三分道通航制船舶驶进曹妃甸港的通航分道长 4 n mile、宽 0.6 n mile,船舶主流向为 335°;船舶驶出曹妃甸港的通航分道长 3.2 n mile、宽 0.6 n mile,船舶主流向为 155°。警戒区为长 4 n mile、宽 2.5 n mile的长方形水域,如图 2-3 所示。

对于定线制水域,海事部门的巡航会重点关注,主要采用电子巡航和海

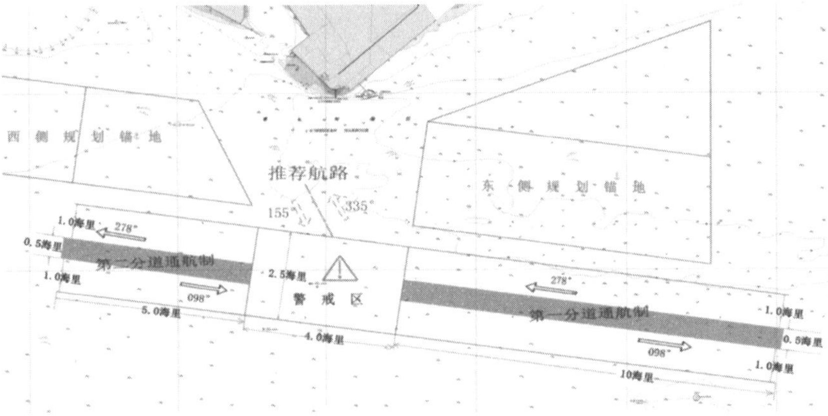

图 2-3　曹妃甸水域船舶定线制

巡的形式。电子巡航是使用船舶交通管理系统 VTS、船舶自动识别系统 AIS、船舶动态管理系统、船舶登记系统、船舶检验监督管理系统、船员管理系统、水工项目动态跟踪管理系统等各种管理系统对船舶动态、航迹、船舶检验、船舶签证、船员信息、水工作业许可等有关信息进行监管。VTS 中心会实时地关注区域内交通流情况，当发现船舶违反交通规则，或者区域中交通秩序混乱甚至出现险情时，中心立刻通过 VHF 无线电话提醒相应船舶，必要时会派出海上执法队伍疏通。

在定线制水域中，船舶的航行需要遵守对应的规则，并实施规定的船舶报告制度。船舶装有自动识别系统(AIS)设备并正常使用的，可仅报告下列内容：船名、呼号、上一停靠港、目的港、吃水、缺陷及限制和危险货物。而没有配备 AIS 设备或 AIS 设备不能使用的船舶应报告以下内容：船名、呼号和国际海事组织编码(若适用)或位置(经纬度或相对于陆标的位置)、航向、航速、上一停靠港、目的港、吃水、缺陷及限制(拖船应报告其拖带长度及被拖物名称)、危险货物。另外，在报告制水域内发生交通事故或污染事故时，船舶应立即报告事故的类型、时间、地点、损害或污染的程度以及是否需要援助，并应按照主管机关的要求提供与事故有关的其他信息。

目前，曹妃甸有曹妃甸海事处 VTS 雷达站一座，交管中心一个，曹妃甸甸前习惯航路范围处于雷达的有效监控区域内，同时此区域又处在甚高频的覆盖区域内，辅加 AIS 管理和通信技术，可建设先进的 VTS 监控中心，监控船舶交通流量情况。

VTS 在改善通航秩序、保障交通安全、提高交通效率和保护水域环境等方面发挥了极为重要的作用[46]。而且能够全天候监控水域，有效纠正交通违法行为，监视水域异常情况，引导船舶有序航行，维护良好的水上交通秩序。同时通过对水上交通连续监控，及时发现潜在危险，及早提供提醒、警告及其他信息服务，有效避免船舶紧迫局面和危险后果。实现对整个通航态势的把握，根据交通流量和通航环境情况及港口船舶动态计划实施船舶交通流组织。海事监管还包括海上海监部门的海事现场的执法和监管。

（2）锚地

锚地是指专供船舶锚泊的水域。锚地按地理位置可分为港外锚地和港内锚地。港外锚地设置在港界线之外，供船舶候潮、待泊、检查、避风等使用，有时也用于水上装卸作业。港内锚地设置在港界线以内的水域或河道内，供船舶候潮、待泊、补给、检查、防台、编解队或进行水上装卸作业使用。根据锚地的使用功能，锚地可分为检疫/待泊锚地、避风锚地、编解队锚地、防台锚地、危险品船舶锚地、候潮锚地、引航锚地、装卸锚地等类别。

锚地应设置相应的界限标志、标牌，并保持明显有效。锚地验收合格后由海事管理机构以航行通（警）告的形式对外公告，内容包括锚地范围，锚界浮标颜色、灯质，锚地用途，锚地设计水深，以及有关注意事项。

因河势发生重大演变而引起锚地水深不能满足船舶安全锚泊需要，或者因锚地附近航路发生重大调整不能满足船舶安全锚泊水域的需要等将引起锚地的调整或撤销。锚地的调整或撤销应按程序由海事机构及时地发布航行通告、航行警告。

海事部门对锚地的监管也主要采取电子巡航和海巡的方式。根据规定，船舶即将进入锚地时向 VTS 中心报告，中心指定船舶到预设的抛锚区域，可以在该船舶进入锚地之前指定，但在其再次移出锚地之前不会发出报警。VTS 中心会跟踪船舶在锚地抛锚，首先，通过手动进行确认，此时，系统将判断该船舶类型与锚地允许锚泊的船舶类型是否相符，若不相符，将报警提示。其次，系统将自动启动锚泊监控功能，锚泊警戒区范围可事先设定也可手动随时调整或根据船舶实际尺寸自动设定，可显示或隐藏警戒线。锚泊船舶从指定的抛锚位置离开时，首先发出拖锚报警，当其离开锚泊警戒区时将会发出走锚报警，当被探测到离开它所指定的锚地时，也将会产生报警。一旦船舶触发 VTS 系统的相关报警，VTS 中心工作人员会及时处理，必要时派出海事执法队伍现场处理险情。

曹妃甸港区与曹妃甸水域定线制紧邻，目前曹妃甸港区共有已投产泊位59个，已建成并且即将投产的泊位18个。距离曹妃甸水域定线制较近的主要有甸头区、第一港池和第二港池。第一港池航道全长1074 m，其整体水深已达到18.3 m；第二港池航道全长4809 m，设计底标高程－13.8 m。曹妃甸港区有东锚地、西锚地和大型油船锚地。东锚地面积约148 km^2，自然水深－21～－32 m；西锚地面积约52 km^2，自然水深－12～－29 m；西锚地东南角为大型油船锚地，该锚地作为天津和唐山港曹妃甸港区的共用锚地，在无大型油船锚泊时，经监督管理部门批准可作为大型散装货船锚地。

(3)水上安全作业区

水上安全作业区是指为保障水上水下施工作业安全和其他正常航行船舶的通航安全，由海事机构划定并公布的供水上水下施工作业的特定水域。

水上水下施工作业种类繁多，大致分为以下几类：管线桥梁等跨河跨海建筑物，如建造桥梁和铺设跨海、过江管线；岸边建筑物类，如修建码头、船坞、船台、闸坝和其他近岸设施；水上设施类，如修建系船浮筒、浮趸、缆桩等设施；水下地形建筑物类，如修建防波堤、护岸及防沙、导流堤等；航道港口建筑类，如航道修建，航标、锚地、港地、调头区、抛泥区建设，航道、码头前沿水域疏浚；勘探、采掘、爆破类，如沉船打捞、河道采砂等；举行大型群众性活动，如体育比赛；其他可能影响通航安全的作业，如气象观测，测量，地质调查，航道日常维护，大面积清除水面垃圾等。

施工作业往往要占用通航水域，从而暂时性或者永久性地改变水域的通航尺度，削弱航道通航能力，恶化通航环境，尤其是某些大型水工项目，由于施工期投入施工作业的船舶、设施较多，占有水域范围大，增加交通密度，对水上交通安全影响极大。

水上作业现场安全维护，是指施工作业者在施工期间应该按海事管理机构确定的安全要求，配备警戒船，指派专人警戒，并且施工作业者的、配备的警戒船进行现场巡逻的费用由施工作业者承担。包括维护现场秩序和对现场提供24小时跟踪监控服务。根据水工工程规模大小、对通航安全影响的程度、对现场安全维护的重点，维护形式包括全过程维护、全过程监控重点时段维护、全过程监护一般性维护。维护方式一般有巡逻艇到现场进行安全维护、VTS监控、海事执法人员现场维护等手段。

水工作业现场监督检查，以巡逻艇的巡航检查和安检人员的安全检查为主，发现的问题除按规定处理外，还需及时反馈至审批部门；对较大的水工项目，还需明确项目负责人，具体落实现场监督检查工作。

无论是通过电子巡航还是现场巡航，在水工作业周期内，海事人员必须密切关注这一区域的动态，这大大加重了工作人员的负担。

8. 船舶超载

船舶超载是指船舶装载后未能保留最小干舷，船舶没有保留足够的储备浮力[47]。货船超载的主要形式包括：

(1)装载超过核定载重线；

(2)集装箱船装载量超过核定的箱数；

(3)滚装船装载的车辆数超过检验证书核定的数额。

船舶超载对水上交通安全有极大的危害，主要表现为以下五点：第一，减少船舶储备浮力。船舶干舷降低，船舶的抗沉性、抗风浪能力大大降低，非常容易在恶劣海况下、恶劣天气下发生船毁人亡的事故。一旦船体破船进水，储备浮力不足，较低的干舷加速了船舶下沉的速度，后果十分严重。第二，超载降低船舶稳性。当船舶超载时，船舶中心、稳心、浮心随即变化，船舶初稳心高度肯定变化，船舶最大静倾角变小，当船舶受到外力倾斜时，由于超载，船舶回复力减小，当船舶倾斜超过最大静倾角时会使船舶进水，从而逐渐丧失稳性，当进水量过大时，甚至会导致船舶倾覆沉没，此类事故时有发生。第三，船舶抗沉性减小。船舶抗沉性指船舶在一个舱或多个舱破舱进水后，能够保证船舶不至于倾覆、沉没的能力。船舶超载一方面减小了储备浮力，一方面有些船东则利用水密能室装货。每当出现事故，船舶沉没倾覆迅速，往往人员来不及撤离，根本不可能去堵漏自救。第四，船体强度降低。船舶一旦超载，首先船体结构强度减弱，船舶抗意外能力降低，随着船舶老化现象的加剧，船体强度本就在逐渐降低，更加大了事故的风险；其次，船舶局部强度降低，长期超载运输令某些地方出现变形，甚至某些甲板、舱室出现破损，危及船舶安全；再次，船东为了多装货物，私改船体内部结构，造成船舶整体强度或者局部强度的降低，大大危及船舶安全，在查处的有关超载违法过程中，此类现象屡见不鲜，需要引起有关执法部门的注意。第五，一旦发生事故不易补救且阻塞航道。超载船舶往往在发生事故后沉没或者倾覆迅速，这就导致船员无法采取堵漏措施进行补救，甚至无法安全撤离。而且超载船舶往往航行在航运发达、船舶密集地区，来往船舶较多也加大了救援难度。如果船舶一旦沉没，航道变窄，通航能力降低，紧接着会出现船舶拥堵，阻塞航道，更加加大了救援难度。如果发生碰撞事故，可能会对港口或者航道相关设施、助航物造成破坏，危及航道安全，甚至引发连环事故。

另外，船舶超载会阻碍航运市场的发展。航运业作为世界经济重要基础性行业，在国际贸易中占有重要地位，航运市场健康发展是适应国家经济发展的需要。船舶超载问题首当其冲，其恶劣的影响不仅限于危及船舶与船员，更重要的是有碍于航运市场健康发展，严重扰乱市场秩序。船东为了获得更多的货源，刻意压低运价，是航运业的不正当竞争中的常见手段；船东为了多载运，与某些造船企业沆瀣一气，修改船舶载重线，违法办理假冒证书等；船舶超载运输可以在花费较少港口规费的情况下实现更多货物的运输；超载属于变相的偷税现象，以较小载重吨来报税却载运更多货物，特别是在港务费、船舶管理费、航道养护费等方面，其可以节约更多开支；超载会造成国家统计部门对航运指数、水运统计数据、贸易成交量、经济增减指数等的统计数据出现偏差；船舶一旦出现恶性事故，会对社会造成恶劣的影响，严重危害社会稳定。

判定船舶超载应以船舶的实际排水量是否超过核定的满载排水量作为标准，船舶装载货物总重超过参考载货量不能作为认定船舶超载的依据。目前治理“超载”的措施主要是现场执法，靠海事部门在船舶签证时，严查船舶证书，核对船舶干舷高度、吃水深度；同时，加强现场巡航、巡查力度，并强化安全宣传。这种治理方式海事部门投入了巨大的人力、物力、财力，无形中增加了海事管理的成本。图 2-4 清晰展示了船舶超载海事执法的过程。

并且，在船舶超载海事调查中存在误区。首先，在现场监督检查中，海事执法人员目测被检查船舶的水线是否超出相应载重线，若超过，则认定超载。其次，海事执法人员在船舶超载调查时，根据被检查船舶的“载货清单”，计算出装载货物的总重，然后对比“船舶检验证书”中记载的参考载货量是否超出，若超过，则认定超载。再次，海事执法人员在核算超载船舶的超载质量时，忽略了舷外水密度的测定，造成计算不准确，误差较大。当船舶超载量较小时，甚至可能得出与事实相反的结论。

9.船舶重要特征识别判断

出于安全和使用的需要，船舶外侧需要勘划必要的标志，包括载重线标志、水尺标志、船名和船籍港标志、烟囱标志、球鼻艏标志、侧推器标志、暗车

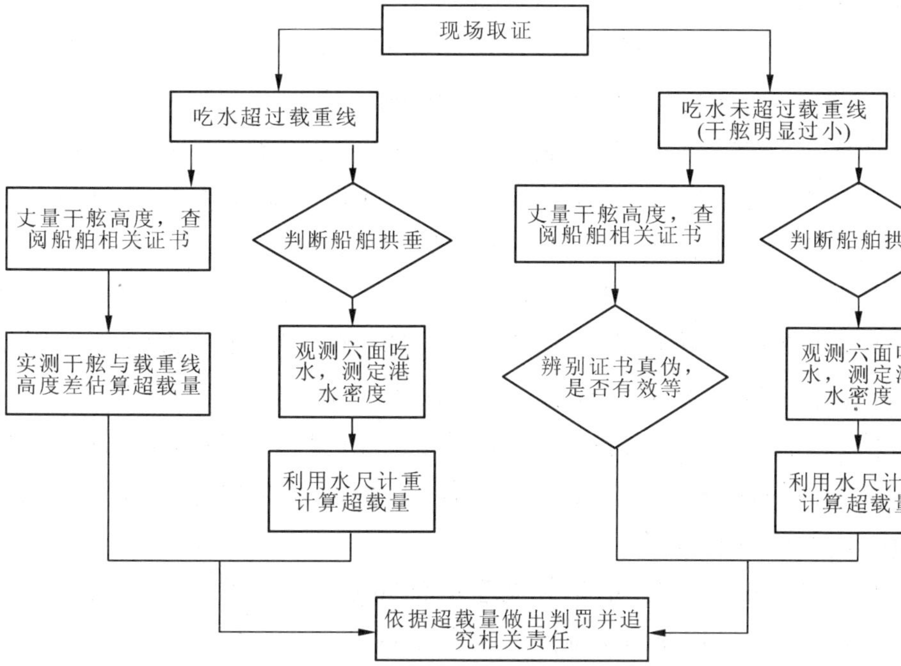

图 2-4 船舶超载海事执法过程

标志、分舱标志以及顶推位置标志。

载重线标志：为保障船舶航行安全和发生海损时仍能保持一定的航海性能，《1966 年国际载重线公约》及《内河船舶法定检验技术规则》均规定必须在船舶两侧勘划载重线标志，以限制船舶满载最大吃水。球鼻艏标志：绘制在船首两侧夏季满载水线以上的船壳上，告知船头有球鼻艏构造。吃水标志：又叫作水尺。勘划在船首、船尾及船中两侧船壳上，称为六面水尺。船名、船籍港标志和 IMO 编号：船舶在船首两侧明显位置显示船名；在船尾明显位置显示船名和船籍港，船名、船籍港下方标明汉语拼音；IMO 编号由“IMO”和 7 位数字组成，显示在船体和上层建筑的显著位置，也应在船内显示。烟囱标志：是船公司自行规定的本公司所属船舶烟囱颜色与图案标志，并且往往规定船体各部分统一的油漆颜色，以便在海上和港内相互识别。分舱标志：绘制在两舱之间的舱壁两侧舷外船壳上，用以表示各舱的位置。顶推位置标志：绘制在两舷船壳外，表示拖船可以在此处顶推。暗车标志：船尾两侧推进器上方明显位置绘有车叶状的标志，并加上简单的中文或英文警句，以引起对水下螺旋桨的注意[48]。

现阶段，海事机构通过船舶检验的方式对船体外部标识进行检查，重点关注船体两舷的载重线标志。船舶检验是国家授权或国家认可的机构、组织或人员，为保证船舶、设施和船运货物集装箱具备安全航行、安全作业的技术条件，按照国际公约、国内法规或船舶、设施规范的要求和标准，对船舶、设施和船运货物集装箱的设计、制造、材料、机电设备、安全设备、技术性能及营运条件等所进行审核、测试、检查和鉴定的活动过程。船舶检验是目前各国为保证船舶技术状态，保障水上人命、财产安全和防止船舶造成水域环境污染所普遍采取的一种对船舶监督管理的措施。通过船舶检验，鉴定或监督船舶的技术状态，使之适合其预定的用途。按照船舶检验工作的性质和国际惯例，船舶检验可分为船舶法定检验、船舶入级检验和船舶公证检验三大类。船舶法定检验包括船舶投入营运之前的检查，海事机构会对船舶机构、机器和设备进行全面的检查。船舶在营运过程中，也需要在规定的时间间隔里接受定期检验以及年度检验。

传统的现场检验方式需要耗费大量的海事资源，加重了海事人员的工作负担，并且检验结果根据个人观测，不一定具备准确性。

船舶在旗帜悬挂方面也有相关的规则。海事部门重点监管船舶对船籍国旗的悬挂，其他性质的旗帜没有规定，信号旗的使用遵从《国际信号规则》[49]。

中国籍船舶及进入中国内水、港口、锚地的外国籍船舶都应遵守我国的《船舶升降国旗管理办法》[50]。其规定为：

(1)悬挂时间：每日早升、晚降，恶劣天气除外。船舶在航行、锚泊时，由4至8点的值班水手负责升降；靠泊时则由相应班次的值班水手负责。

(2)悬挂位置：中国籍船悬挂于船尾旗杆上。无船尾旗杆的挂于驾驶台信号顶部或右横桁。外国籍船悬挂中国国旗时，应悬挂于前桅或驾驶台信号桅顶部或右横桁。当中国国旗与其他旗帜同时悬挂于右横桁时，中国国旗应在最外侧。

(3)船舶所悬挂的中国国旗，应当整洁，不得破损、污损、褪色和不合规格。

(4)当中国籍船舶抵达国外港口国旗(该港所属国家的国旗)悬挂在前桅桅顶或右横桁。若与其他旗帜同时悬挂于右横桁时，港口国国旗应在最外侧。出港后即降下。

现在海事机构对船旗国国旗悬挂的检查一般采用现场检查或者VTS视频监控的手段。现场监督一方面耗费人力物力，另一方面可能漏掉部分的违规船舶。而VTS监视由于本身的技术局限性，它无法做到对整个水域的完整监控,存在监视盲区。虽然在海事巡航过程中,海事巡航艇搭载 CCTV 设备可以扩大 VTS 监视范围,但是这种操作方法并不节省资源,仍需大量人力物力的投入。

10. 实时海事违章提醒/纠正语音系统

《国际海上避碰规则》中规定了海上航行船舶必须遵守的规则,也为海事机构监管船舶航行、停泊、作业提供了依据。我们重点关注其中对海上事故有重要规避作用的规则。《国际海上避碰规则》规定航行船舶在任何时候都应以安全航速行驶,以便能采取适当而有效的避碰行动,并能在适合当时环境和情况的距离以内把船停住。关于碰撞危险,每一船都应使用适合当时环境和情况的一切可用手段判断是否存在碰撞危险,如有任何怀疑,则应认为存在这种危险。为避免碰撞所采取的任何行动应符合《国际海上避碰规则》的相关规定,如当时环境许可,应积极、及早地进行和运用良好的船艺。

海事机构对区域内船舶航行的监管主要是通过电子巡航的手段。现行的 VTS 系统基本配置了报警功能,对水域内的险情具有积极的预防、预控、预警作用。系统的报警大致可以分为以下几种。

(1)防碰撞报警(CPA/TCPA 报警)

VTS 系统的防碰撞报警须在系统中利用系统工具,在覆盖水域内选定特定的水域设置防碰撞报警区域[51]。该区域的设定应为交通较密集、交叉会遇情况较多的水域,如重要的转向点或警戒区等。系统会自动计算进入防碰撞报警区域的船舶之间的最小会遇距离(CPA)和两船到达该最小会遇距离的时间(TCPA)。当两船的 CPA/TCPA 小于系统设定的报警值时,系统产生报警,如图 2-5 所示。

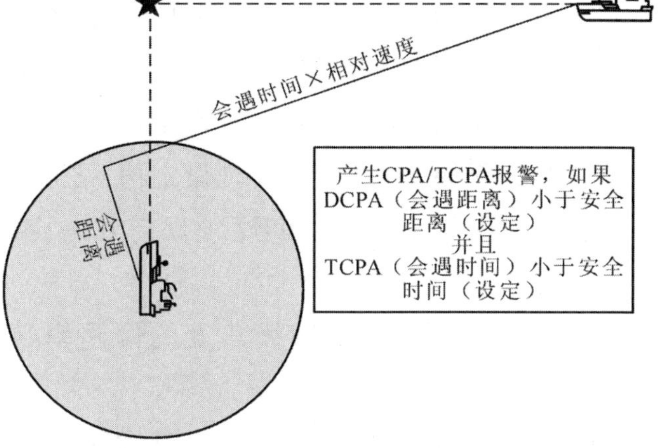

图 2-5 防碰撞报警原理示意图

(2)船舶走锚报警、浮筒偏移报警

当船舶锚泊后,VTS操作员设定该船舶由航行状态改变为锚泊状态,同时系统记录当时船舶的位置为参考位置,并在操作界面上显示参考点。当船舶由于某种原因,位置发生了改变,系统将自动计算新位置与参考位置之间的距离,并将该距离与系统设定的回旋半径值进行比较。如果距离大于回旋半径设定值则产生走锚报警。该原理同样适用于浮筒偏移报警,如图 2-6 所示。

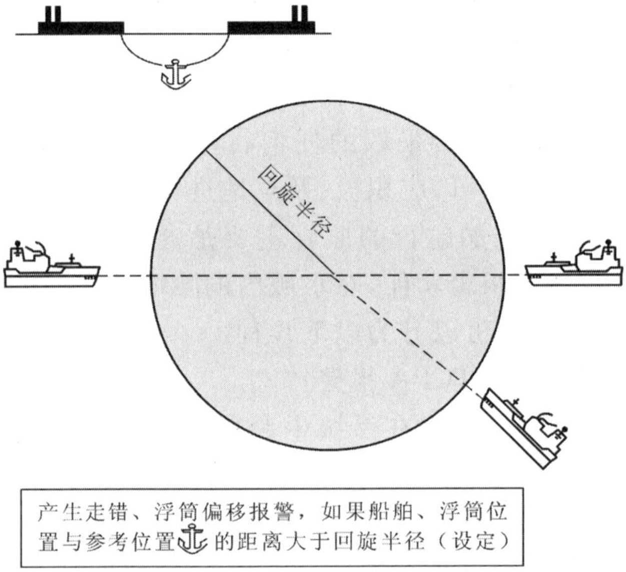

图 2-6　船舶走锚、浮筒偏移报警示意图

(3)有关水道的报警(图 2-7)

单向:船舶必须在主航道内依照系统预定的航向行驶,在船舶逆向航行 n 分钟后(设定值),系统产生“单向”报警;

速度下限:船舶速度需要保持在最小速度(设定值)之上,否则产生报警;

速度上限:船舶速度必须保持在最大速度(设定值)之下,否则产生报警;

轴线间隔:船舶与区段内的主轴线的间距须保持在一定的距离(设定值)之内,否则产生报警;

航向偏差率:船舶的航向与主航道轴线角度的偏差率必须小于设定值,否则产生报警;

交会:横渡水道的船舶在穿越主航道时必须以大于设定值的角度穿越,否则会产生警报;

距离间隔：水道内船舶之间的间距必须大于设定值。

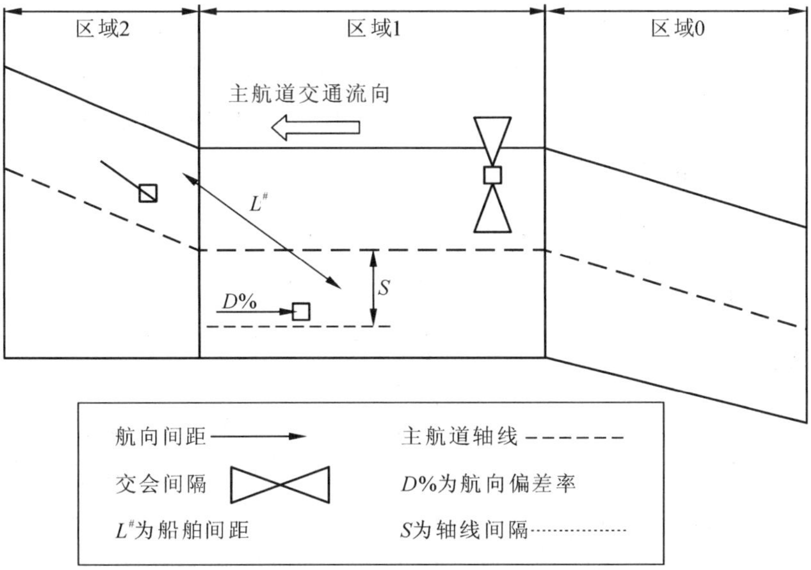

图 2-7 水道报警示意图

虽然现行的系统报警功能给海事监管带来了便利，但是依然存在问题。因为报警接收处理是由 VTS 人员操作，当管辖水域范围大、系统报警数量多时会在一定程度上加重操作人员的工作量。比如，设备本身性能、报警参数设置的局限性与使用人员对报警精确性、有效性的高期待形成了矛盾；VTS 操作员高频接报、电话接听、险情处置、文字材料处理等日常工作繁重与报警数量过多形成了矛盾；报警次数频繁和处置手段贫乏形成了矛盾；大部分 VTS 中心采取的分段监控模式与处置 VTS 覆盖水域整体报警信息形成了矛盾。如果，报警的终端是在船舶上，这一问题将得到很好的解决。船舶接受关于自己的报警，会比 VTS 间接传达更具时效性，并且能对应自己所处的状态采取最有效的措施。

11. 违章调查取证系统（行为拍照）

根据《中华人民共和国海上交通事故调查处理条例》，海上交通事故是指船舶、设施发生碰撞、触碰或浪损、触礁或搁浅、火灾或爆炸、沉没、在航行中发生影响适航性能的机件或者重要属具的损坏或灭失、其他引起财产损失和人身伤亡的海上交通事故。海事机构进行事故调查的目的在于查明事故发生的原因，以消除隐患，防止类似的事故再次发生[52]。海事事故调查遵循调查准备、简单查询和现场调查等步骤。

事故的发生是一个过程，事故的结果是一种状态，这种状态的物理分布就是事故现场。事故现场与事故过程密切相关，而事故过程就是事故原因诸要素相互作用的过程，因而，事故调查一般都从现场调查开始。事故现场对查明事故原因至关重要，但由于自然条件变化或其他原因，事故现场可能会变动，事故痕迹可能会消失，现场物件可能会变化、消失或变得难以提取，船上当事人或有关人员也可能会离船、分散等，因此，证据的搜集必须及时主动、全面客观、深入细致，以获得充分真实的材料。

海事调查人员通过以下的方式搜集证据。

现场勘查：调查人员对事故现场进行勘视、检测、测量、绘图、拍照、录像等活动。除了要对船舶、设施、货物、人员勘查外，调查人员还应对事发地点的航道、水文、气象以及周围环境和物标等进行勘查。现场勘查的工作一般是一次性完成，但对有些重大、恶性或案情复杂的事故，可能要进行多次勘查，这些勘查主要是针对某些重点、疑点、有争议的敏感区域或关键部位进行重复或细致的调查。

搜集物证：一般是通过现场勘查搜集，搜集属于船上的或在船上的物证时，应把它们的状况和用途通知船长或值班驾驶员，如果可能，船长应该在场或有一位船长指定的负责人在场。如果物证已损坏，或留做他用，应在原地拍下这一物证的照片。如果作为物证的物品可能会受到污染而影响其价值，或者样本要用于分析，则应将它装在合适的容器中并加封。

查询证人：海事调查中证人证言非常重要，因为事故现场往往难以保存，可能没有物证。查询证人时所采取的方式在很大程度上取决于调查官员各自的态度。一般应尽可能采用询问而不是审问的方式。询问证人意味着一种会谈的气氛。调查员应以一种合作、中立的姿态与证人接触。要寻求证人的合作，并鼓励他们自由地讲话。调查官员必须是客观的，无偏见的；在获得全部证据之前要虚心听取各方面的意见，不要草率地作出结论。因此应防止他们在调查初期形成任何观点，以免主观地去发掘和集中那些孤立的、似乎可以佐证他们观点的证据。

书证和视听材料的搜集：书证和视听材料是用文字记载或用符号、声音、图像等表达的，反映船舶及其机器、设备的性能与技术状况，船舶航行、停泊的动态和作业情况，以及事故发生经过的证据，其内容对事故的真实情况具有证明作用。

检验和鉴定意见:是指由国家船级社、检验检疫、技术监督以及公安消防等检验或鉴定部门进行检验或鉴定并做出的检验或鉴定结论性意见。检验报告和鉴定意见对于证明事故损害的范围和程度,证明事故的部分事实或情节,分析事故的技术原因或因素,以及认定事故原因,均起着非常重要的作用。

调查人员可以要求船长、浮动设施负责人向当地或船舶第一到达港的检验、鉴定部门申请进行检验或鉴定,必要时,亦可委托有关单位或部门进行该项检验或鉴定。

2.2.2 应急处置业务分析

1. 落水人员/船舶搜寻

随着海上作业任务日益增多,海上交通已经变得越来越复杂,海上重大人身伤亡和经济损失的交通事故也频频发生,人员落水遇险的情况也日益增多。现行的海上搜救方式比较容易发现水面船只,但要及时发现落水人员难度极大。当有人落水时,不能及时且准确地获取落水者的位置信息,往往延误了最佳救援时间或导致搜救无果,而且海上或河流水流变化比较快,环境比较复杂,这也给海上人员的搜救工作带来不小的压力,大大增加了搜救工作的难度。

对落水人员的搜索定位是救助成功的关键,在茫茫的海上,落水人员的目标特征不明显,寻找十分困难。总的来说对落水人员检测主要存在以下几点困难:

(1)运动目标的提取

在对落水人员进行检测识别时,落水人员因为风、浪、流等影响位置可能不断发生变化,待监控水域普遍存在背景复杂,且易受光照影响使水域出现动态变化等问题,这些问题会导致运动目标难以提取。

(2)倒影与真实落水目标的区分

人体在岸边时会在水面产生倒影,而倒影和实际落水目标具有相同的形状、速度及方向等特征,从而导致倒影与真实落水目标难以区分。

(3)落水人员的特征提取

落水人员的检测主要依据于人体特征。而人体为非刚体,且落水人员应对落水情况时的处理方式不同,故而有效选取落水人员特征也是难点。

目前,发现海上落水人员通常是通过海上救生示位技术,该技术是随着航海事业发展起来的，应用于人员落水时幸存者向外发送求救信号或者显示其位置。救生示位标与信号是海上救生设备不可或缺的重要组成部分，其组成包括视觉信号、无线电信号和声音信号[53]。我国海上搜救主要采用的设备有无线电信号类设备和搜救雷达应答器。

(1)无线电信号类设备

船舶紧急指示无线电信标是一个独立的发射机，安装在船舶上，并内置了 GPS 接收机[54]。当船舶遇到风险时，通过装载的 GPS 接收机能够发送该船的遇险信号，并给出船只的位置信息。虽然这种搜救方式可以及时给出船舶遇险信息，但是实际应用中仍存在诸多问题：首先，应急指示无线电信标发射的无线电求救信号、搜索和测定的方向有较大的误差，甚至存在搜索无果的缺点。其次，由于应急无线电信标结构复杂，成本高，一般在大型船舶中得到应用，而不适合于小型船舶，更不适于人员落水示位。

(2)搜救雷达应答器

搜救雷达应答器是一个相对简单的数字设备。当船只遇险时，能够自动开启或手动开启，在接收到求救或搜救探测信号后，搜救雷达应答器将发送一个应答信号，搜救者能够探测到遇险船舶的位置信息，并进行救助。虽然搜救雷达应答器的定位能够较为精确地定位遇险船舶的位置，但是这种应急设备需要接到搜救探测信号以后回复应答，一来一回浪费了大量的宝贵时间，对于遇险者来说，无疑又增加了一分危险。而且，海上的恶劣环境影响着搜救雷达应答器的作用距离和使用范围，这又延长了救援时间，大大增加了搜救工作的难度。

现行的海上搜救方式比较容易发现水面遇险船只，但要及时发现落水人员难度较大。我国绝大多数救生装置主要依靠视觉信号提高目标被发现的概率，如橘黄色救生衣、救生艇的应急灯、反光带、火箭降落伞信号、手持火焰信号、漂浮烟雾信号、浮灯信号、海水染色剂等，也有无线电救生设备，如双向甚高频无线电话设备、雷达应答器以及救生筏/艇应急无线电示位标等。

烟雾信号类示位装备是一种漂浮于水面，连续喷出橙色烟雾并向远方传递信息的海上救生设备，发烟时间大于 3 min，烟雾浓度≥70%，主要用于白天救生示位；手持火焰信号为手持拉发引燃式火焰型烟火信号，持续时间不少于 60 s，光强不少于 15000 cd；浮灯信号有救生圈用自亮浮灯、救生示位灯等，《国际海上人命安全公约(SOLAS)》规定救生衣用示位灯基本性能应达到发光强度大于 0.75 cd,发光时间大于 8 h,用于夜间救生示位;海水染色剂最小持续时间 90 min,颜色为橙色、绿色两种,便于船舶救助尤其是飞机救助。上述设备中部分仅适用于白天,部分仅适用于夜间,都具有一定局限性,在大风浪情况下对小目标的搜寻效果不甚理想。

此外,还有几种新的高效救生方法,例如配合运用激光、红外遥感探测,GPS 定位,红外热像仪、夜视仪等设备,提高在恶劣气象海况条件下或者夜间,对远距离漂移的落水人员的识别精度。

据统计,曹妃甸港区 2012—2016 年共计发生水上交通事故 29 起,主要以小事故为主,一般事故和较大事故较少,无重、特大事故,其中碰撞事故所占比重最大。曹妃甸海域的险情有下列三个主要特点:

(1)灾害性天气仍是险情发生主要的客观因素。险情发生原因多为部分船舶对大风浪等灾害性天气的防抗意识不足,防抗措施部署不到位。

(2)渔船、砂石船发生险情的比例较高。主要原因为渔业作业人员安全意识淡薄,渔船船东、船员对气象预警信息、天气情况重视程度不够,同时,辖区渔船整体技术状况较差,救生及通信报警设施不健全,从业人员海上救生能力差。

(3)渔船、砂石船报警滞后。渔船、砂石船大部分未配备相应的自动报警设施,发生事故后无法及时发出报警信息,增大了搜救难度。

结合曹妃甸港区天气海况条件以及近几年事故发生情况,曹妃甸海域的海上搜救工作主要面临着三方面的形势:

(1)对海上船舶航行和作业造成影响的恶劣天气愈发频繁。遭遇 7 级以上大风、能见度小于 1 千米大雾的情况较多。

(2)渔船风险意识和防控水平仍然较低。虽然近几年,海事部门多次联合水产等职能部门开展了安全培训和教育,积极提高其安全意识和海上从业技能,但从目前来看,渔船风险意识和防控水平仍然较低。

(3)现有搜救应急力量难以匹配港口的快速发展。曹妃甸港区发展很快,目前主要有三个港池,具有生产泊位 95 个,除了进入曹妃甸港区的大小船舶外,所有进出天津港区的船舶也要在曹妃甸辖区水域航行,每天通过曹妃甸甸头区域去往天津港的船舶就有 300 艘次左右,而进出港的船舶也可达到 80 艘次左右。通航区域的扩大,进出港船舶的增多,使得搜救力量更加显得分散,在应急搜救中难以形成强大的搜救力量。

综合曹妃甸险情的特点和形势来看，曹妃甸辖区船舶数量日益增多，水上交通环境变得复杂，这些都令辖区的海上应急搜救任务变得愈加繁重，辖区海上运输以及各类生产作业活动对曹妃甸辖区水域的安全监管和搜救水平、应急搜救设备和手段的要求越来越高。

2. 紧急事故区域监控（遇险船舶紧急处置）

根据我国《水上交通事故统计办法》，水上交通事故指船舶在航行、停泊、作业过程中发生的造成人员伤亡、财产损失、水域环境污染损害的意外事件。包括：

（1）碰撞事故；

（2）搁浅事故；

（3）触礁事故；

（4）触碰事故；

（5）浪损事故；

（6）火灾、爆炸事故；

（7）风灾事故；

（8）自沉事故；

（9）操作性污染事故；

（10）其他引起人员伤亡、直接经济损失或者水域环境污染的水上交通事故。

事故发生水域环境复杂多变，救援船艇出动的同时也加大了事故水域的船舶密度。为减小事故对辖区通航环境的影响，保障港口的正常生产作业秩序，降低事故的危害程度，防止二次意外事件发生，发生事故时，海事部门根据应急需要，划定应急避险海域，在必要时应现场指导和疏散船舶到安全的开阔水域避险。建立与气象、海洋等公共灾害信息部门的联动机制，加强对恶劣天气和灾害性天气的预警，对天气情况和过往船舶产生的影响及早做出反应，及时发布相关航行信息。此外，海事部门通常会加强事故现场巡航和执法监督，要求过往船舶在事故水域严格遵守相关通航管理规定，避免违法、违章行为发生，并提醒救援船、消防船等处于戒备状态，确保航行安全。与此同时，利用 AIS、VTS、CCTV、VHF 等实现对事故水域的实时监控，做好对大型船舶进出港时的海上动态监管和航道清理工作，特别加强危险品船舶的现场监管力度，根据具体情况调整船舶进港计划，对进出港船舶实行动态控制和管制。在有关重大海上搜救应急反应行动中，公安部门和海警部门会根据需要为海上应急现场提供治安保障，安排警力维持秩序，参与海上警戒和负责陆上交通管制。

除了上述的要对事故水域进行水域监控和交通管制外，海上事故发生水域可能伴随着沉船或者其他水下碍航物等，及时做出航标应急反应，开展应急设标工作也尤为重要。

《海区航标应急反应管理办法》对应急设标作出了定义：应急设标是指由于海上突发事件依照相关法律法规需要紧急设置标志的行为[55]。该办法规定各当地海事局分别负责辖区内航标应急反应信息的收集、通报、协调等工作，并为航标应急反应提供必要的协助。根据应急反应的需要，事故发生当地海事部门及时向辖区航标处提供所需的应急反应信息，这些信息主要包括：

(1)基本信息，包括船舶的国籍、名称、船型、吨位、尺寸、装载情况等。

(2)事故信息，包括位置及报警时间、船舶沉没时间、沉船位置、船首向、水中姿态等；障碍物未露出水面的，应提供水下探测位置。

(3)环境信息，包括当前的风速、风向、能见度、海水流向、流速、水深、潮流、海底地貌、已(疑)存障碍物情况等。

(4)其他有助于航标应急反应活动的据报信息。

发生沉船事故时，为了保障过往船舶的航行安全，应及时设置应急沉船示位标，标示沉船位置，提醒过往船舶。《中国海区应急沉船示位标设置管理规则》对应急沉船示位标的设置作出了规定[56]。应急沉船示位标应设置或系泊在新危险沉船之上，或尽可能靠近新危险沉船的地方，标示新危险沉船所在位置，船舶应参照有关航海资料，避开本标谨慎航行。应急沉船示位标的特征应符合表 2-4 的规定。应急沉船示位标如图 2-8 所示。

表 2-4　应急沉船示位标的特征

颜色	浮标表面是等分的蓝黄垂直条纹(最少 4 个条纹，最多 8 个条纹)
形状	柱形或杆形
顶标	如装有，为直立/垂直的黄色十字
灯质	黄蓝光互闪 3 s，蓝光和黄光轮流各闪 1 s，中间暗 0.5 s
其他	如果为标示同一危险沉船设置了多个标，其灯质必须同步闪光；可以考虑加设雷达应答器(莫尔斯编码“D”)和/或 AIS 应答器

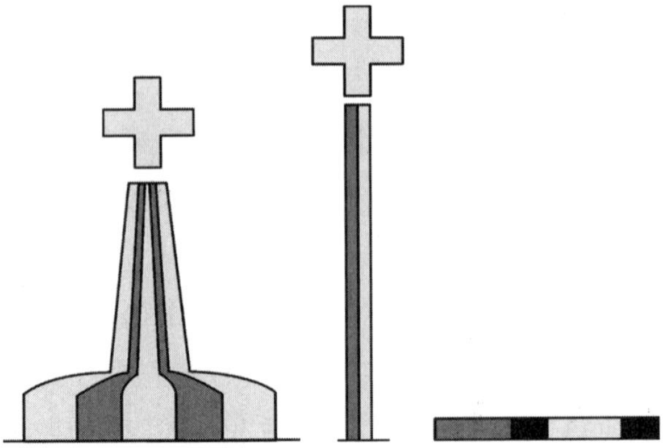

图 2-8　应急沉船示位标

应急沉船示位标为临时性标志，应在沉船后尽可能短的时间内设置。由于气象、水深或船舶调遣距离较远等客观因素，不能及时为新危险沉船设置应急沉船示位标的，经航标管理机关同意可先行设置 AIS 虚拟沉船航标。沉船已经充分勘测并掌握了详细资料，沉船在航海通告上公告或航海出版物上标注，并采取了必要的永久性标识措施，如设置孤立危险物标或其他类型的标志等，或者新危险沉船碍航危险消除，如已被打捞，这种情况下经航标管理机关批准可撤除应急沉船示位标，并及时发布航标动态。

目前，海事部门对事故水域的监管手段主要依靠海事执法支队和基层海上执法大队的海上巡航和港区范围内的 AIS 监控。海上事故发生通常气象海况条件差，交通环境复杂，需要巡航监控的水域范围大，而海巡艇受风流影响大，速度受限，巡航监控效果往往不甚理想。曹妃甸辖区水域进出港船舶众多，交通繁忙，依靠现有手段对事故水域船舶动态进行实时监控，可能出现被动监管的局面，难以适应曹妃甸辖区快速发展和当前水上安全管理形势的需要。

3. 救生设备投放

实施水上救助的首要任务就是救助人命，“时间就是生命”是救助过程中一切行动的准则。救助人员发现有人落水后，船上最初几秒的行动对营救成功至关重要。最初的行动应迅速可靠，船员的警觉可以挽回存在溺亡危险的落水人员的生命。首先发现有人落水的人员应立即采取以下措施：

(1)大声重复叫“左舷(或右舷)有人落水”。

(2)在船舷向水中待救人员投下自带亮灯的救生圈(或其他可漂浮物)。若迅速将救生圈投下水时，落水人员就有可能看到并抓住它。不要为了准确而延误投下的时间，因为此时船舶仍在快速前进。投到水中的救生圈或其他浮具还可以标记遇险位置，作为操纵船艇返回现场和营救的参考基点，这对于救助非常重要，即使已经看不到落水人员，也要立即投下浮具。不要正对着落水人员投掷浮具，浮具打到落水者身上可能会造成伤害，应尽量使浮具的落点有利于浮具及其附绳漂向落水人员，同时避免救生索缠绕船艇螺旋桨。

(3)在小型艇上，始终看着并用手指着落水人员，同时用另一只手顺着扶手小心地移到艇长或其他艇员能看到的位置，清晰、大声地向艇长指明方向。在较大的救助船艇上，一边移动一边目视落水者是比较困难的，通常应停留在人落水的一舷或能看见落水者的位置，保持呼喊，直至其他船员听到并报告驾驶台。如果无人听到呼喊，可用当时最快的方法报告驾驶台，如用就近的电话或到最近的舱室让其他船员报告驾驶台，然后返回舷边看着并用手指着落水人员。

(4)落水人员在水浪中会时隐时现，始终用手指着落水人员，不仅为他人指明方向，而且当落水者暂时隐没时，眼睛可以顺着手指的方向继续观望，直至落水人员在视线中再次出现时，应担当起指引员的作用，始终指着落水人员。若在较低的甲板上瞭望，很快就会看不到落水者的头部；在大型船艇上，可与另一船员用接力方式看着落水人员，交替向较高处转移瞭望位置。

在发现落水人员，并初步投掷救生圈实施救援后，船上其他人员或者救援队伍应当快速释放救生艇，从下风向接近和营救落水人员。

当发生群体人员落水事件时，群体人命救助时的专业力量应全力响应救助任务，开始反应时需快速地投入大规模的救助力量。在救起落水人员之后，救助方必须确保充足的物资来照顾落水人员，所以物资快速转运也是完整的人命救助的重要环节。

4. 通信中继

良好的通信是搜救系统必不可少的一部分，通信应能迅速向搜救协调中心提供报警信息，使搜救协调中心能够及时将搜救力量调遣到搜救区域，并保持同遇险人员之间的双向联系。搜寻救助组织直接或通过报警台获得实际或潜在的遇险情况。报警台是指将遇险报警信息转发到搜救协调中心或搜救分中心的设施，它和其他报告源收集到的信息应立即通报搜救协调中心或搜救分中心，由中心决定采取何种反应。搜救协调中心或搜救分中心可能自己具备通信能力或依靠其他设施转发报警信息并进行搜寻救助反应通信。

船舶和船岸之间进行通信的设备主要有 VHF 无线电话和 VTS 通信设备，按规定 CH06 为国内从事协调搜救作业的船舶电台和飞机电台之间的专用通信频道,CH16 频道为国际遇险与安全通信频道。在现场指挥搜救的过程中,现场搜救人员会指定主要的和备用的通信频率,便于搜救设施与协调人员之间的联系。现场协调员通过情况报告向搜救任务协调员报告现场任务的进展和情况,两方通过这种方式保持联系。根据险情范围,现场协调员会制定和组织实施交通管制,并通过海巡艇 VHF 广播、水上安全信息台、GPS 监控系统发布交通管制的航行通告。

可以看出,VHF 无线电通信在搜救中使用频率极高,但是这种通信手段存在一些问题。VHF 频率范围是 30 MHz 到 300 MHz,波长范围是1 m到 10 m,高频段频率资源丰富、容量大,但传播损耗大、覆盖距离近、绕射能力弱、技术难度大、系统成本高。海上 VHF 宽带数据通信有别于传统的语音通信,对通信系统误码率的标准要求较高,实际通信效果依赖于不同海上媒介和海况条件下传播的电磁波。电磁波在海上传输过程中会受多种物理因素影响而造成传输损耗,这将直接影响海上船舶接收 VHF 数据通信信号的效果。鉴于这一情况,对发生在远海的海事事故实施救助的效果将会大打折扣。当 VHF 通信系统受到的干扰过于强烈,或者系统维护工作欠佳,VHF 通信甚至会发生中断。

2.3 海事监管业务选型分析及研究

2.3.1 针对非法排污的选型标准

1. 针对非法排污的无人机选型标准

我国发布的《船舶水污染物排放控制标准》(GB 3552—2018)针对船舶含油污水(油轮压舱水、洗舱水及船舶舱底污水)、生活污水、垃圾的排放作出了规定。其中关于船舶含油污水最高排放浓度和船舶生活污水最高排放浓度根据排放区域提出了明确的数量标准。我们以此为依据提供无人机选型标准。

基于曹妃甸水域状况复杂,监管范围广,而非法排污取证任务的时效性强,对巡航速度要求较高。非法排污区域的分布较为随机,针对不同距离的非法排污取证工作选用不同的无人机,使监管效率最大化。针对曹妃甸自然条件和监管区域,为根据对近海和远海无人机选型分别提出定量化标准。

在溢油事故发生后,非法排污发生后的最初数小时是最有效的行动时机,否则扩散后很难清除。无人机在监测成本、天气适应性和操作便利性方面具有明显的优势,对于曹妃甸监管水域位置相对稳定,可运用无人机,设定

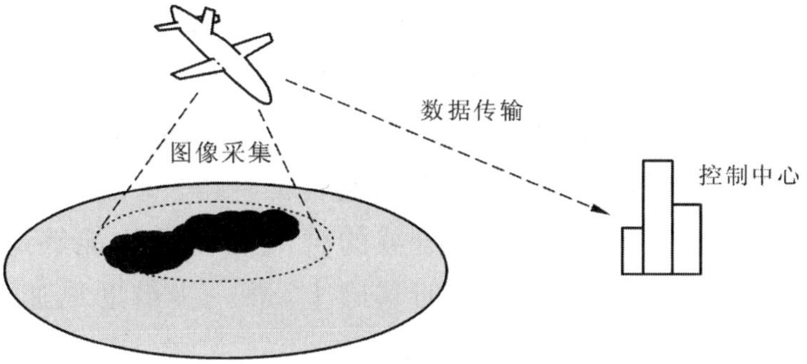

图 2-9 利用无人机监测

固定巡航线路对非法排污违法行为多发区域进行巡航监测(图 2-9),及时发现非法排污状况,使执法作业更加标准化。无人机在巡航过程中检测到某海域出现溢油污染,需要派遣无人机前去临时处理和稳定现场情况。假设无人机巡航速率为 v,无人机抵达非法排污事故发生地时间为 t_1,无人机取证时间为 t_2,故对无人机续航里程 L 提出要求:

$$L \geqslant v \times t \tag{2-1}$$

无人机要求续航时间 t 为:

$$t \geqslant 2t_1 + t_2 \tag{2-2}$$

充分考虑曹妃甸溢油水域的水文情况及海洋环境,制定监管区域溢油排污业务无人机选型标准:

非法排污取证工作时效性高,要求无人机能在第一时间抵达非法排污现场,要求无人机巡航平均速率 $v \geqslant 120$ km/h,

无人机续航时间 $t \geqslant 3.5$ h,要求无人机续航里程 $L \geqslant 420$ km,在此定量标准下可以对近海监管海域进行全方位覆盖。

无人机最高升空限度 H 为 3 km,用以完整拍摄取证。

无人机的抗风能力要求大于 4 级,使其及时在风浪较大时也能保持一定稳定工作的能力。

2. 针对非法排污业务的吊舱选型标准

对于船舶非法排污和海上溢油监测,无人机在监测成本、灵活机动性及操作便利性等方面都具有明显的优势,无人机有时候性能较为单一,为了适应业务需求,需要无人机搭载吊舱实现其功能的多样化。针对非法排污业务所需要的吊舱提出以下标准:

(1)吊舱要求配备用于非法排污和溢油监测的吊舱,吊舱配置可见光摄像机、合成孔径雷达、激光荧光溢油探测装置、红外传感器、高光谱成像仪等。

如果在夜间进行监测则需要搭载激光夜视摄像机或者红外热成像仪。

(2)要求吊舱配备可见光摄像机、红外热成像仪或者激光夜视摄像机的无人机在巡航过程中持续拍摄图像或者视频，将图像和视频临时存储或者实时传输给值班中心，实现从远程位置实时监控。

(3)无人机巡航过程中，要求所搭载的合成孔径雷达能够进行大范围成像，生成遥感图像，在遥感图像识别的基础上，进一步借助风速、航道等现场信息进行验证，对海面溢油进行正确识别。

(4)巡航过程中监测到船舶非法排污或者海面溢油的情况时，要求吊舱具有通过无人机传输的位置信息和图像及视频确定溢油位置的功能，向溢油区域加派无人机进行航拍采集，提供动态高空图像为后续的清理提供实时漏油扩散信息，如漏油范围、厚度、扩散轨迹等。

海面溢油信息一般比较微弱，通过机载的高光谱成像仪可以识别微弱的溢油信息并进行定量探测，从不同的环境和背景中提取微弱的变化信息，反映海面溢油的成分、含量，存在状态和动态变化，识别溢油类型[57]。

对于在巡航中发现的船舶非法排污，无人机可利用闪光警告信号灯或者语音传输设备对非法排污的船舶进行警告，及时遏制其违法行为。

如果事先已发现确定海域有溢油，则需要无人机在最短时间内飞往已知区域进行监测。对于此种应急监测，由于无人机的航速决定了航程，紧急情况下要求到达时间最短，故需先判断事故发生地与无人机起飞地的距离，根据航程选择航速。

若无人机航程为 L，由于温度、风向等外界因素的影响，根据不同无人机的性能，有一个安全航程，假定为 0.95 L。如果无人机的起飞地点与事故发生地点超过 285 km，此时，有两种方案可供选择：

①以 70 km/h 的速度飞行，设实际飞行总航程为 L，加油时间为 h，此时需花费的时间为：

$$h_1 = L/70 + h \tag{2-3}$$

②以航程(L_2)允许内的最大航速(v)进行飞行，此时所花费的时间为：

$$h_2 = L_2/v \tag{2-4}$$

该情况下需比较 h_1 和 h_2 的大小，选择花费时间少的航速进行飞行。

发生溢油时，无人机除了可对其进行实时监测之外，必要时还可通过搭载高空抛投装置，向溢油区域抛投消油剂、吸油毡等，对溢油进行初步处理，降低其污染程度。

综合考虑在非法排污溢油海事业务中的经济效益和监管处置效果，给出的推荐机型为小型固定翼无人机。以轮式滑行起飞及降落的星宇航空漫游者Ⅱ无论是其续航能力还是续航里程都能满足非法排污海事业务的选型需求，并且该机型技术成熟，价格相对于其他无人机较为经济。推荐吊舱内的主要设备和星宇航空漫游者Ⅱ具体参数和实物模型如表 2-5 所示。

表 2-5 基于非法排污海事业务的无人机和吊舱关键设备选型推荐

拟推荐无人机型号	无人机技术参数	吊舱相关设备及参数
星宇航空漫游者Ⅱ型无人机 	· 质量：44 kg · 最大任务载重：20 kg · 续航时间：5.5 h · 最大飞行高度：3 km · 最大平飞速度：175 km/h · 抗风能力：5 级以下 · 起飞滑行距离（最大起飞质量）：<300 m · 最大起飞质量：86.5 kg · 机载电源、飞行控制系统及数据链系统：1.5 kg · 经济巡航速度（最远航程速度）：120～130 km/h	SCA130 可见光单光摄像机参数 · 质量：44 kg · 镜头：30 倍光学变焦 · 质量：<1 kg · 尺寸：123 mm×200 mm · 视屏分辨率：1080 p GC20 红外热像仪参数 · 质量：<130 g · 探测器类型：非制冷焦平面探测器 · 像素：640×480 · 尺寸：40 mm×40 mm×40 mm · 成像时间：<10 s
TA168 多旋翼无人机（近程） 	· 最大起飞质量：9.1 kg · 最大任务载重：2 kg · 最大速度：90 km/h · 最大飞行高度：5 km · 续航时间：90 min（全电池）	HRC-P6200 激光夜视摄像机 · 像素：500 万 · 分辨率：1920×1080 · 焦距：8.1～310 mm · 光圈数：F1.5～F6 · 最低照度：彩色 0.002 Lu 黑白 0.0002 Lux

2.3.2 针对交通状况和交通流评估的选型标准

1. 针对交通状况和交通流评估的无人机选型标准

传统方法对于交通状况和交通流的评估是执法人员通过巡航到达水域现场监视水域环境，监督船舶遵守通航管理规则，巡视检查船舶航行、停泊和作业情况。水域船舶交通流指在一定水域，按照给定的方向运行的船舶总体或大量船舶，简称船舶流或交通流。

根据曹妃甸海事局的管辖范围来看，交通状况和交通流评估的任务可由中型无人机完成。基于交通流概念，对无人机的续航时间和巡航半径提出要求。

现综合以下几个方面对无人机技术参数进行考量：设无人机巡航平均速度为 v，单程巡航时间为 t，总航程为 s，则：

(1)总航程 s 需要满足：$s=2\times v\times t\geqslant 550$ km。

(2)中型无人机巡航平均速度为 120～160 km/h，在达到航程 s 的要求下，巡航时间至少需要满足：$t\geqslant 3.5$ h。

(3)无人机最大飞行高度 h 应大于等于 200 m，，保证拍摄时能够获取更多船舶的交通态势。

(4)曹妃甸地区冬季盛行偏西北风，平均风速为 5.1 m/s；春、夏季盛行偏南和东南风，平均风速为 5.1 m/s 和 6.6 m/s。因此，日常巡航要求无人机抗风能力达 4 级以上即可。

(5)考虑到无人机电池及任务载重，摄像机质量在 1.5～3 kg，无人机电池质量 2～5 kg，轻小型无人机载激光雷达质量约 1.5 kg，喊话器和强光照明灯质量仅有 500 g 左右，因此无人机有效载重至少 5.5 kg。

2. 针对交通状况和交通流评估的吊舱选型标准

采用无人机完成此项巡航业务时，任务载荷通常可以选用机载 AIS、摄像机、倾斜摄影相机、机载激光三维雷达、三维激光扫描系统等。如果需要对船舶交通流进行管制可搭载语音传输设备或者机载 VHF 对船舶交通秩序进行调控。通过无人机搭载配有上述设备的吊舱完成业务的过程大致如下：

(1)搭载上述设备的无人机在辖区水域上空飞过的同时拍摄图像和视频回传至值班中心，值班人员可通过图像和视频最为直观和直接地了解到水域内的交通流情况。

要在较短时间内获取到水域内大量船舶的交通状况，拍摄清晰的照片和视频，则对摄像机像素提出要求。根据航拍摄影经验，通常航拍摄像机像素达 1200 万以上有效像素即可满足要求。

(2)无人机巡航时，通过机载 AIS 对辖区水域船舶的静动态信息进行获取，再利用数据处理软件(如 Spark 实时数据处理平台)实时接收并解析 AIS 信息，对数据进行格式转换、数据清洗、数据集成和剔除无效数据等预处理，利用判定航道交通状态的标准对某一时间间隔内的交通状况进行判定[58]。如利用 Spark 实时数据处理平台则判定流程如图 2-10 所示。

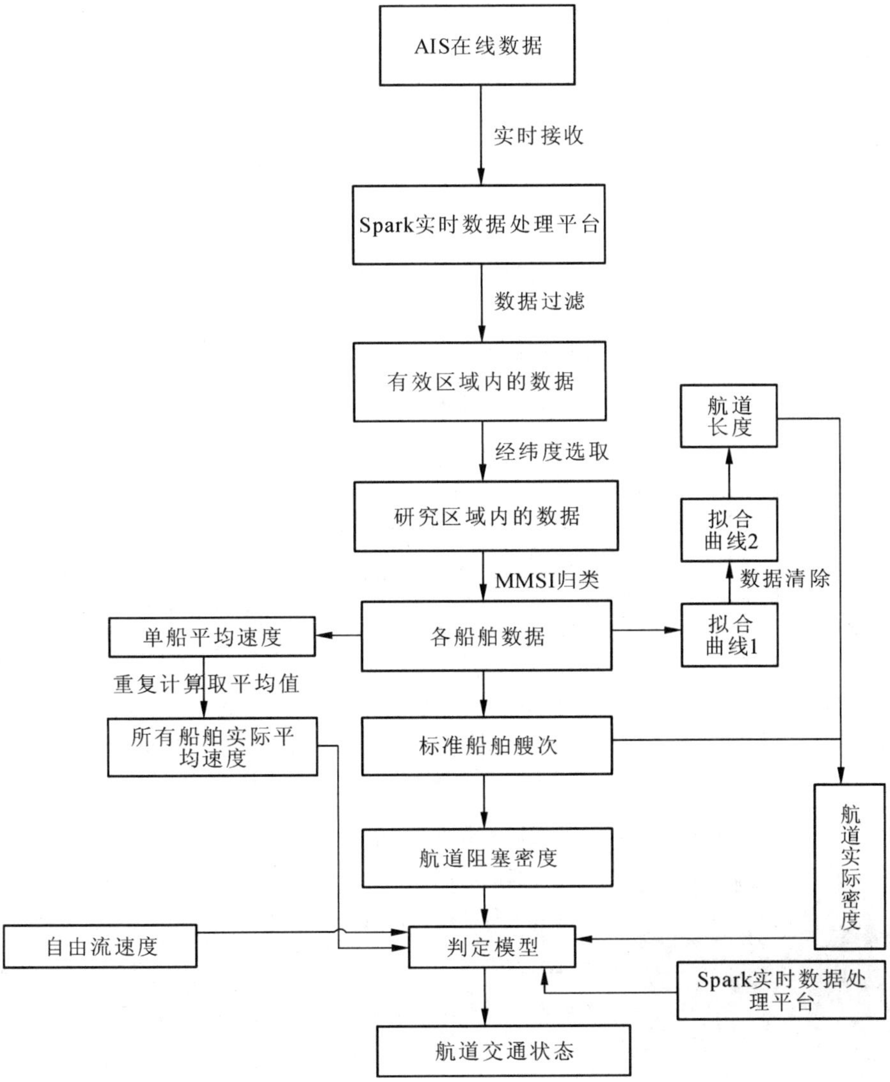

图 2-10 利用 Spark 实时数据处理平台判定流程

通过判定航道交通状态的标准判断出当前交通流拥堵时，可利用无人机搭载的语音传输设备对船舶通行秩序进行调控或者派出巡航艇进行现场调控。

综上所述，在此针对本业务给出推荐无人机机型和部分吊舱设备以供参考，其技术参数如表 2-6 所示。

表 2-6 基于交通状况和交通流评估的无人机和吊舱关键设备选型推荐

<table>
<tr><th>拟推荐无人机型号</th><th>无人机技术参数</th><th>吊舱相关设备及参数</th></tr>
<tr><td rowspan="2">北方天途 SP-2 固定翼无人机
</td><td rowspan="2">· 空机质量:16 kg
· 最大起飞质量:40 kg
· 续航时间:4 h
· 巡航速度:90 km/h
· 最大平飞速度:140 km/h
· 抗风能力:6 级
· 起飞方式:滑跑/弹射
· 飞行距离:200～800 km
· 最大爬升速度:18 km/h</td><td>普宙 GDU 无人机十倍变焦相机
· 质量:<440 g
· 镜头:10 倍光学变焦
· 最大像素:1676 万
· 有效像素:1635 万
· 稳像精度:≤ 0.05°</td></tr>
<tr><td>沈阳嘉志 MotoarSkyQ5 无人机倾斜摄影系统
· 质量:1.55 kg
· 相机倾斜角度:45°
· 总像素:大于一亿像素
· 单影响像素:5456×3632</td></tr>
<tr><td rowspan="2">SUMP2008 电动四轴八旋翼无人机
</td><td rowspan="2">· 最大任务载重:5 kg
· 最大续航时间:50 min
· 最大飞行速度:37 km/h
· 抗风能力:≤6 级
· 最大起飞质量:18 kg
· 最高飞行高度:1000 m</td><td>超轻型无人机载激光雷达 miniVUX-1UAV
· 测距:200 m
· 质量:约 1.55 kg
· 测量精度:15 mm
· 扫描速度:100 线/s
· 最大激光发射频率:100 kHz</td></tr>
<tr><td>RIEGL VUX-SYS 激光扫描系统
· 质量:19 kg
· 最大测距:550 m
· 最小测距:3 m
· 测距精度:10 mm</td></tr>
</table>

2.3.3 针对助航设施监管的选型标准

1. 针对助航设施监管的无人机选型标准

截至 2018 年 6 月 30 日，曹妃甸辖区共有航标 233 座，航标数量众多，分布范围广，利用无人机进行航标巡检，及时有效地报告航标工作状态情况，避免无目的巡检，可以有效提高航标正常率水平。综合分析无人机巡航半径、观测清晰度、荷载能力确定小型固定翼无人机可满足曹妃甸大部分导航设施监管的任务。

以航标维护管理的基本任务和维护目标为出发点，针对助航设施监管的无人机选型提出以下要求：

(1)无人机最大总航程 s 需要满足：$s=2\times v\times t\geqslant 550$ km。

(2)中小型固定翼无人机巡航平均速度为 50～120 km/h，在达到航程 s 的要求下，巡航时间至少需要满足：$t\geqslant 4.6$ h。

(3)无人机最大飞行高度 h 应大于等于 150 m，保证拍摄时能覆盖到较大面积，同时保证图像和视频的清晰度。

(4)曹妃甸地区冬季盛行偏西北风，平均风速为 5.1 m/s；春、夏季盛行偏南和东南风，平均风速为 5.1 m/s 和 6.6 m/s。因此，日常巡航要求无人机抗风能力达 4 级以上即可。

(5)考虑到无人机电池及任务载重，摄像机质量在 1.5～3 kg，无人机电池质量 2～5 kg，微型无人机激光测距仪质量约 0.5 kg，因此无人机有效载重至少 4 kg。

2.针对助航设施监管的吊舱选型标准

采用无人机完成此项巡航业务时，任务载荷通常需要选用摄像机（光学相机、数码相机等均可）、机载 AIS、激光测距仪，用于夜间巡检时还需配置夜视或红外成像设备。通过无人机搭载配有上述设备的吊舱完成业务的过程大致如下：

(1)为无人机选定好吊舱后即可派出一架或数架无人机按规定对辖区内的航标进行定期巡检；另一种情况则是在收到航标异常反映后调遣无人机出海核实信息，发回现场实时视频图像，返航时还可对沿途的航标进行巡视。

(2)无人机航标巡检时，沿预定飞行路线对航道两侧航标进行空中巡检，通过搭载的高像素摄像机对固定标志和浮标进行拍照和摄像，通过 AIS 接收 AIS 航标的信息，管理人员能全面、清晰、准确地掌握航标的涂色、结构、标位等情况。摄像机有效像素 1200 万即可满足要求，如果需要也可以选用 10 倍光学变焦相机方便拍摄航标细节，此外为确保无人机快速飞行时照片的清晰度，摄像机角度抖动量宜在$\pm 0.1^\circ$范围内。

(3)无人机巡检过程中可同时利用激光测距仪测量航标相对于无人机的距离，方便工作人员确定航标的具体位置。考虑到无人机飞行高度和位置精度的问题，激光测距仪测距宜不小于 150m，测距宜精确到米。

(4)通过无人机发现隐患后，先由管理人员远程分析判断航标失常情况，若根据采集的数据无法确定失常原因，则派人到现场排查故障、解决问题。

综上所述，在此针对本业务给出推荐无人机机型和部分吊舱设备以供参考，其技术参数如表 2-7 所示。

表 2-7　基于助航设施监管的无人机和吊舱关键设备选型推荐

拟推荐无人机型号	无人机技术参数	吊舱相关设备及参数
航天海鹰 HW-210 	· 载重：5 kg · 起飞质量：22 kg · 续航时间：12～16 h · 巡航速度：80～120 km/h · 最高高度：5000 m · 抗风能力：6 级	普宙 GDU 无人机十倍变焦相机 · 质量：<440 g · 镜头：10 倍光学变焦 · 最大像素：1676 万 · 有效像素：1635 万 · 稳像精度：≤ 0.05°
		数字化激光测距仪 LD321-A40 · 质量：2.9 kg · 测距：900 m · 测距精度：± 20 mm · 测量频率：100 kHz · 最小测距：2 m
龙雁 LY-3200(近程) 	· 起飞质量：35 kg · 续航时间：3～4 h · 巡航速度：90～120 km/h · 载重：5 kg · 抗风能力：7 级 · 巡航半径：100 km · 起飞方式：滑跃起飞或垂直起飞 · 载荷类型：单光/双光吊舱、相机	GDU 普宙 GTIR800 红外相机 · 质量：<440 g · 测量精度：≤0.05° · 分辨率： 红外：800×600@25 Hz 可见光：1280×720 · 焦距： 红外：20 mm F1.2 可见光：3 mm F2.2

2.3.4　针对异常障碍物/养殖区的选型标准

1. 针对异常障碍物/养殖区的无人机选型标准

曹妃甸港界以外海域均被划定为沿海捕捞区，船舶锚泊与渔业捕捞之间存在矛盾，有时出现因渔业捕捞妨碍船舶航行安全而使港口生产无法正常运行的情况。针对异常的障碍物或者养殖区可用中型固定翼无人机进行巡航

监管(图 2-11)。综合养殖区分布范围对无人机技术参数进行考量:

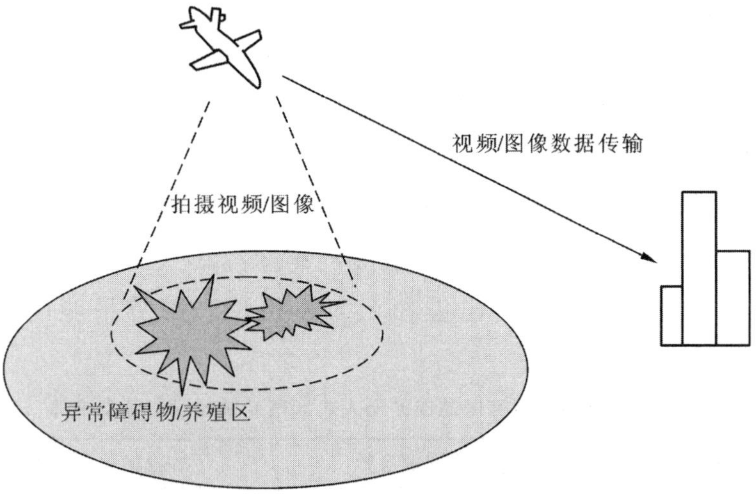

图 2-11　无人机针对异常障碍物/养殖区巡航示意图

(1)无人机最大总航程 s 需要满足:$s=2\times v\times t\geqslant 550$ km。

(2)中型固定翼无人机巡航平均速度为 120～160 km/h,在达到航程 s 的要求下,巡航时间至少需要满足:$t\geqslant 3.5$ h。

(3)无人机最大飞行高度 h 应大于等于 200 m,保证拍摄时能覆盖到较大面积,以便及时发现异常的碍航物或者养殖区。

(4)曹妃甸地区冬季盛行偏西北风,平均风速为 5.1 m/s;春、夏季盛行偏南和东南风,平均风速为 5.1 m/s 和 6.6 m/s。因此,日常巡航要求无人机抗风能力达 4 级以上即可。

(5)考虑到无人机电池及任务载重,摄像机质量在 1.5～3 kg,无人机电池质量 2～5 kg,喊话器和强光照明灯质量仅有 500 g 左右,因此无人机最大有效载重至少 4.5 kg。

2. 针对异常障碍物/养殖区的吊舱选型标准

采用无人机完成此项巡航业务时,任务载荷通常仅需选用摄像机、夜视或红外成像设备,如果需要则还可配置语音传输设备、闪光警告灯。通过无人机搭载配有上述设备的吊舱完成业务的过程大致如下:

(1)派出无人机在违规养殖区、渔区的重点水域进行巡航。

(2)无人机对巡航区域进行航拍,将拍摄的图像或视频临时存储或者实时传输给控制中心。由于渔船常在夜间偷偷占用航道或者锚地捕捞,因此夜间巡航也必不可少，夜间巡航时则采用红外或夜视摄像机。摄像机照片有效像素为 1200 万即可满足需求。

(3)值班人员通过无人机拍摄的图像或视频对水域内的异常障碍物或者养殖区进行远程监管，发现有异常或者违规养殖、捕捞的现象时，利用无人机的语音传输设备或者闪光警告灯对违规养殖或捕捞的船舶采取警告，必要时派出船艇到现场进行异常障碍物清理和养殖、捕捞的监管。喊话器声音最大有效距离和闪光警告灯最大照射距离可达 200 m。

综上所述，在此针对本业务给出推荐无人机机型和部分吊舱设备以供参考，其技术参数如表 2-8 所示。

表 2-8　基于异常障碍物/养殖区监控的无人机和吊舱关键设备选型推荐

拟推荐无人机型号	无人机技术参数	吊舱相关设备及参数
天津三爻航空 SG-003 固定翼无人机  	· 载重：6 kg · 起飞质量：15 kg · 续航时间：3～4.5 h · 飞行速度：100～130 km/h · 最高高度：3500 m	普宙 GDU 无人机 4K 定焦可见光相机 · 质量：<720 g · 有效像素：1240 万 · 等效焦距：24 mm · 稳像精度：≤ 0.01° · 4K@30fps 高清录像，1200 W 高清拍照
DB-X4H 四旋翼混合动力 无人机(近程) 	· 起飞质量：18.5 kg · 续航时间：3 h · 最大水平速度：44 km/h · 载重：5 kg · 最大航程：110 km	GDU 普宙 GTIR800 红外相机 · 质量：<440 g · 测量精度：≤0.05° · 分辨率：红外：800×600@25Hz 可见光：1280×720 · 焦距： 红外：20mm F1.2 可见光：3mm F2.2

2.3.5　针对航行异常行为监控的选型标准

1. 针对航行异常行为监控(单艘船舶监控和跟踪)的无人机选型标准

针对多种原因造成的船舶航行异常情况，聚焦于船舶在航道及其附近区域的异常行为进行有效的远程监管，需要解决多个重要的技术环节，包括在数百甚至上千平方千米的海域范围内快速、准确地将异常船舶从众多的船舶中识别出来作为重点监管对象和将 AIS 静、动态数据和 ECDIS 等数据整合，对船舶进行异常行为分析等。无人机对航行异常船舶进行监控时，要求能够覆盖到整个曹妃甸辖区海域，能够准确捕捉到异常船舶并进行持续跟踪取证，因此采用中型长航时固定翼无人机对其进行全覆盖式监管。对无人机技术参数的要求如下：

（1）无人机最大总航程 s 需要满足：$s=2\times v\times t\geqslant 550$ km。

（2）中型固定翼无人机巡航平均速度为 120～160 km/h，在达到航程 s 的要求下，巡航时间至少需要满足：$t\geqslant 3.5$ h。

（3）无人机最大飞行高度 h 应大于等于 200 m，保证拍摄时能覆盖到较大面积，以便及时发现航行异常的船舶。

（4）曹妃甸地区冬季盛行偏西北风，平均风速为 5.1 m/s；春、夏季盛行偏南和东南风，平均风速为 5.1 m/s 和 6.6 m/s。因此，日常巡航要求无人机抗风能力达 4 级以上即可。

（5）考虑到无人机电池及任务载重，摄像机质量在 1.5～3 kg，无人机电池质量 2～5 kg，喊话器和强光照明灯质量仅有 500 g 左右，机载微型或轻型合成孔径雷达质量 1.8～3 kg，因此无人机最大有效载重至少6.3 kg。

2. 针对航行异常行为监控（单艘船舶监控和跟踪）的吊舱选型标准

采用无人机完成此项巡航业务时，任务载荷通常需选用的任务荷载包括摄像机、合成孔径雷达、AIS 等，必要时，还可以搭载语音传输设备或闪光警告灯。通过无人机搭载配有上述设备的吊舱完成业务的过程大致如下：

（1）事先根据曹妃甸辖区船舶航速要求、该海域各区域内船舶航行的常态确定船舶航速标准、锚地区域范围和航迹大致范围，以此作为判定其是否存在航行异常行为的标准。船舶限速、锚地经纬度等可以直接获取，船舶正常航迹提取则可基于 AIS 数据利用相关算法，如统计学理论中曲线拟合的最小二乘法，对 AIS 获取的船舶历史轨迹点进行拟合，得到监控海域的典型轨迹。

（2）根据曹妃甸辖区海域大小派出合适数量的无人机进行巡航。

（3）在无人机巡航中所拍摄的照片或者视频的基础上，可以运用 Video-Mosaic 视频信息处理系统或者智能视频监控系统等对视频源中的信息进行分析抽取，实时检测、识别视频中的图像内容，判断视频中的异常情况，动态实现异常船舶的定位、跟踪、监控、报警等需求[59]。摄像机照片有效像素1200万即可满足需求。

(4)将无人机传回的雷达图像信息和AIS获取的信息相互对比,识别出没有开启AIS的船舶。选用的合成孔径雷达要求能够适用于无人机,具备质量轻、功率低、全天时全天候作业能力,测距大于200 m,具备实时图像获取及处理功能,确保地面控制人员能够快速获取数据和图像。

(5)必要时,还可以通过语音传输设备或闪光警告灯,对异常船舶进行提示或者警告。喊话器和闪光警告灯仅需满足灯光和声音的最大有效距离达到无人机飞行高度即可。

综上所述,在此针对本业务给出推荐无人机机型和部分吊舱设备以供参考,其技术参数如表2-9所示。

表2-9　基于水上船舶信息管理的无人机和吊舱关键设备选型推荐

拟推荐无人机型号	无人机技术参数	吊舱相关设备及参数
BG-V45 固定翼无人机 	· 起飞质量:45 kg · 任务载重:10 kg · 续航时间:≥5 h · 最大作业飞行速度:140 km/h · 抗风能力:5 级	GDU 普宙 GTZMHD30X 相机 · 质量:<720 g · 有效像素:1240 万 · 焦距:6~180 mm · 稳像精度:≤ 0.01° · 数字变焦:4 倍数字变焦
		AS-300 多平台激光雷达系统 · 质量:2.9 kg · 测量范围:250 m · 定向精度:0.019° · 测距精度:15mm
航景创新四旋翼无人机(FWX-410) 	· 最大起飞质量:12 kg · 最大任务载重:5 kg · 续航时间:60 min · 飞行高度:5000 m · 抗风能力:6 级 · 最大飞行速度:70 km/h	北京富斯德 MiniSAR · 传感器质量:<3 kg · 最大测距:2.5 km · 实时成像分辨率:0.3 m · 条带扫描宽度:2 km

续表 2-9

拟推荐无人机型号	无人机技术参数	吊舱相关设备及参数
珠海星宇 H-150 无人机 	· 载重:20 kg · 起飞质量:105 kg · 续航时间:4 h · 最大平飞速度:170 km/h · 巡航速度:130 km/h · 飞行高度:3000 m · 抗风性能:6 级	GDU 普宙 GTZMHD30X 相机 · 质量:<720 g · 有效像素:1240 万 · 焦距:6～180 mm · 稳像精度:≤ 0.01° · 数字变焦:4 倍数字变焦
BG-VT10 冰果倾转旋翼无人机 	· 起飞质量:9 kg · 续航时间:90 min · 作业飞行速度:80 km/h · 作业飞行高度:3 km · 抗风能力:5 级	北京富斯德 MiniSAR · 传感器质量:<3 kg · 最大测距:2.5 km · 实时成像分辨率:0.3 m · 条带扫描宽度:2 km

2.3.6 针对水上船舶信息管理的选型标准

1. 针对水上船舶信息管理(船舶信息化管理,获取信息监控)的无人机选型标准

要全面获取曹妃甸辖区水域内的船舶信息,为保证无人机巡航时能够覆盖曹妃甸辖区水域面积,可采用中型固定翼无人机。此业务对无人机技术参数的要求如下:

(1)无人机最大总航程 s 需要满足:$s=2\times v\times t\geqslant 550$ km。

(2)中型固定翼无人机巡航平均速度为 120～160 km/h,在达到航程 s 的要求下,巡航时间至少需要满足:$t\geqslant 3.5$ h。

(3)无人机最大飞行高度 h 应大于等于 200 m,保证拍摄时能覆盖到较大面积,以便及时发现航行异常的船舶。

(4)曹妃甸地区冬季盛行偏西北风,平均风速为 5.1 m/s;春、夏季盛行偏南和东南风,平均风速为 5.1 m/s 和 6.6 m/s。因此,日常巡航要求无人机抗风能力达 4 级以上即可。

(5)考虑到无人机电池及任务载荷的质量,摄像机质量在 1.5～3 kg,无人机电池质量 2～5 kg,机载微型或轻型合成孔径雷达质量 1.8～3 kg,超轻型机载激光雷达约 1.5 kg,因此无人机最大有效载重至少 5 kg。

2. 针对水上船舶信息管理的吊舱选型标准

采用无人机完成此项巡航业务时,任务载荷通常需选用AIS、激光雷达或合成孔径雷达等。通过无人机搭载配有上述设备的吊舱完成业务的过程大致如下:

(1)为无人机搭载相应任务荷载,根据曹妃甸辖区海域大小派出相应数量的无人机进行巡航。

(2)无人机巡航时通过机载AIS直接获取装备有AIS的船舶的静、动态信息。通过激光雷达获取船舶的距离、方位、高度、速度、姿态,甚至形状等参数,主要是为获取未安装或者未开启AIS的船舶的信息,对海域内船舶信息进行全面采集。激光雷达测距宜不小于200 m。

综上所述,在此针对本业务给出推荐无人机机型和部分吊舱设备以供参考,其技术参数如表2-6所示。

2.3.7 针对特殊水域监控的选型标准

1. 针对与特殊水域监控的无人机选型标准

曹妃甸特殊水域监控的范围主要包括锚地、定线制水域、施工水域等。由于在特殊水域中,船舶的航行需要遵守对应的规则。然而在航行过程中无论是通过电子巡航还是现场巡航,在水工作业周期内,海事人员必须密切关注这一区域的动态,这大大加重了工作人员的负担。

聚焦于特殊水域监控,对监控过程进行分析,要求无人机形成固定航线对特殊水域的监管进行常态化管理。对巡航过程进行分析来确定对无人机选型的量化标准。假设曹妃甸监管水域最大半径为r,对特殊水域进行的常态化巡航,要求无人机续航里程:

$$a \geqslant \pi r \tag{2-5}$$

假设在常态巡航过程中无人机的均速为v,对无人机的续航时间t提出要求:

$$t \geqslant \frac{a}{v} = \frac{2\pi r}{v} \tag{2-6}$$

充分考虑曹妃甸溢油水域的水文情况及海洋环境,制定监管特殊区域的海事业务无人机选型标准:

(1)要求无人机的平均巡航速度$v \geqslant 90$ km/h,保证高效率巡航。

(2)要求无人机的续航时 $t \geqslant 7$ h,用以保证无人机能安全返航。

(3)要求无人机抗风能力大于4级,以保证无人机在巡航作业的过程中能稳定安全地完成任务。

(4)要求无人机荷载 $m \geqslant 3$ kg,以便搭载吊舱实现单一无人机不能实现的功能。

2.针对与特殊水域监控的吊舱选型标准

(1)定线制水域

曹妃甸定线制水域的水上交通管理至关重要,为了实现远程自动的水域监控,我们提出采用无人机搭载吊舱的方法。在吊舱配置AIS系统、数据存储和处理系统及红外摄像机设备。

日常的巡航过程中,无人机按设计的路线在定线制水域中飞行。飞行时,要求吊舱的AIS系统可以自动接收配载了AIS系统船舶的信息,收集区域内船舶位置、船速、航向等船舶动态,以及船名、呼号、吃水、船舶尺度及危险货物等船舶静态资料。对于没有装备AIS系统的船舶,可以借助GPS差分数据的拟合处理得出船舶的航迹曲线,对曲线微分就可得船舶的航速向量,向量的方向即为当时航向。数据处理系统对其进行一定处理,对于某些重点关注的信息进行核算,如航速是否超出分道通航规定的安全航速,然后将整理好的信息转发给监管中心。

对于船舶的动态行为,要求吊舱利用红外线摄像头进行拍摄,在数据处理系统计算识别出船舶正在违规时,红外摄像机立即对焦该船舶,拍照或者摄像记录下船舶此时的行为,然后传送回监管中心。红外摄像机可以实现海事巡航的夜视化。在夜视状态下,摄像机会发出人们肉眼看不到的红外光线去照亮被拍摄的物体,关掉红外滤光镜,这时我们所看到的是由红外线反射所成的影像,而不是可见光反射所成的影像,即此时可拍摄到黑暗环境下肉眼看不到的影像。并且我们可以选择高分辨率的相机,比如TD-60高分辨率数码相机可获取GRB真彩色或彩红外影像,分辨率达6000万像素,配备50mm标准镜头。在监管定线制水域船舶时,传统的雷达监管或者是AIS信息的跟踪管理都不能很好地反映出船舶实际的立体图像,可能会造成监管中心人员对船舶状态的误判断。AIS系统信息传输示意如图2-12所示。

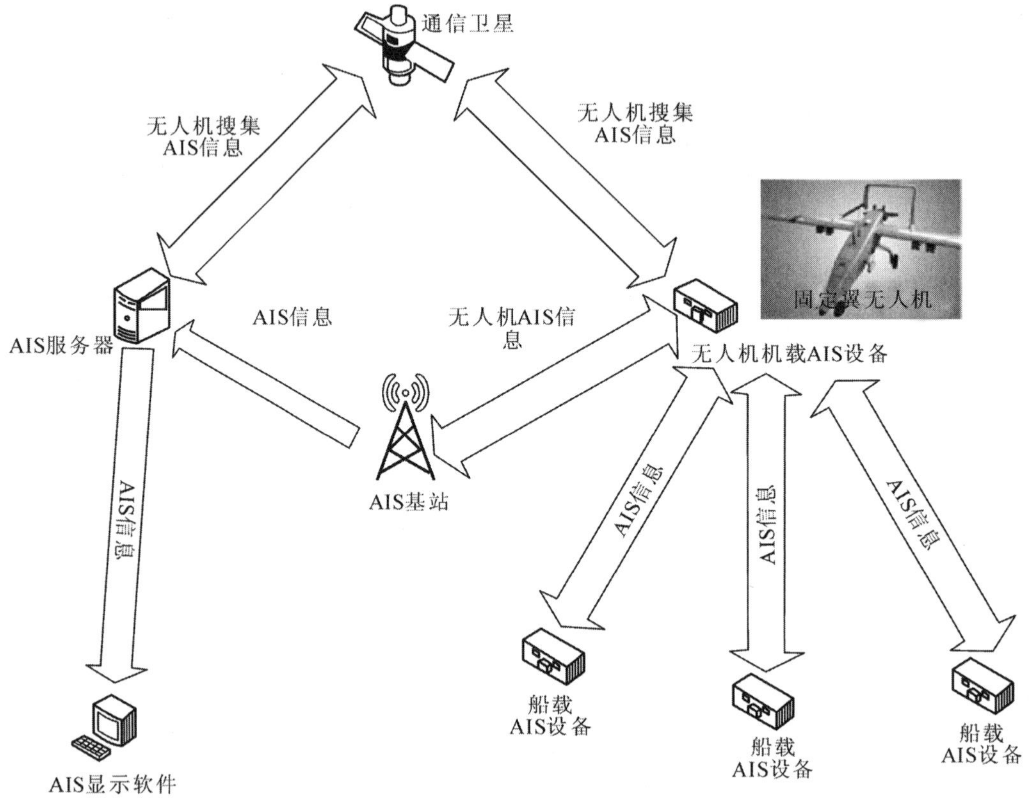

图 2-12　无人机 AIS 系统信息传输示意图

(2)锚地

我们在派无人机巡视时，将锚地的范围事先录入，无人机飞行在锚地的上空进行巡视。无人机搭载的吊舱中配置 AIS 系统、数据存储和处理系统。对吊舱提出以下要求。

无人机在锚地上空利用 AIS 系统统计锚泊船的信息，获取它们的位置、船速、航向等船舶动态，以及船名、呼号、吃水，船舶尺度及危险货物等船舶静态资料。海事部门对锚地最重要的监管内容是防止船舶发生走锚现象。船舶的位置信息由 AIS 系统的 GPS 设备定位确定，在吊舱的数据存储和处理系统中，事先设定锚地的范围，预设正常的船舶抛锚半径和锚泊范围，同步对比船位漂移量与抛锚半径，以及船位与锚泊范围。具体的方法为通过 GPS 获取 t_1 时刻船舶的位置，在某一时间间隔 Δt 后，再次记录($t_1+\Delta t$)时刻船舶的位置，对两个时刻船舶位置进行比照，计算出锚泊船在这一时间区间中的运动距离，将其与允许的运动范围作比较，得出船舶是否发生走锚的结论。一旦船舶实际值超出预设值，船舶可能发生走锚，系统将船舶信息传送给监管中心。

（3）水上安全作业区

水上作业区是大量工程作业船舶的集聚地，区域的交通密度显著增大，这加剧了过往的船舶航行的危险。另外作业区作业过程的安全规范程度也是区域安全的监管重点。

一般的海事监管模式中，海事机构大多是通过现场巡航了解作业区的实际情况，我们提出采用无人机自主巡航的方式减轻监管人员的工作强度。派出的无人机上搭载吊舱设备，我们选择 AIS 系统、数据存储和处理系统、图像处理系统、可见光摄像机、红外扫描仪。其中的 AIS 系统不仅只收集作业区内船舶位置、船速、航向等船舶动态，以及船名、呼号、吃水、船舶尺度等船舶静态资料。同时无人机巡视作业区周围的船舶，系统收集周围船舶的信息，掌握作业区周围船舶交通流的信息。

另外作业船舶现场施工操作也需要海事部门的监控，船舶是否按照作业规定显示相关信号，作业安全措施是否到位，以及作业船舶垃圾的处理都是海事部门的重要关注要点。无人机针对这一业务需要，通过吊舱之中的连续变焦高清可见光摄像机和基于 PCI7300A 的红外扫描仪，可同时提供可见光和红外的视频图像，可用于夜间巡视和隐蔽场景勘查的场景。这种红外扫描仪采集实时显示和存储系统，已经能够完成系统的成像，而且从数据的分析中发现，这个系统能够无误地实时传输数据。其采用多线程技术和双缓冲区方法来采集和处理图像数据，存储数据和分区域显示图像，不仅能够保证程序响应用户操作迅速及时，而且能实现图像显示连续稳定，对于高速大数据量的采集成像系统而言有重大的意义。通过这两种设备，对作业区的船舶行为进行拍摄，将图片或者视频资料整理成数据传送回监管中心。图像数据处理过程如图 2-13 所示。

图 2-13　图像数据处理过程

综合考虑在非法排污溢油海事业务中的经济效益和监管处置效果，给出的推荐机型为小型固定翼无人机。以垂直方式起飞及降落的零度智控ZT30V以其超强的续航能力和优秀的续航里程，完美适配了特殊水域监控海事业务的选型需求，并且该机型起降方便，起飞降落对环境要求较低，在一定程度上降低了业务成本。零度智控ZT30V和吊舱关键设备具体参数和实物模型如表2-10所示。

表2-10 基于特殊区域监控海事业务的无人机和吊舱关键设备选型推荐

<table>
<tr><th>拟推荐无人机型号</th><th>无人机技术参数</th><th>吊舱相关设备及参数</th></tr>
<tr><td rowspan="2">零度智控ZT30V
</td><td rowspan="2">· 质量:25 kg
· 最大任务载重:5 kg
· 续航时间:5.5 h
· 最大飞行高度:3 km
· 最大平飞速度:90 km/h
· 抗风能力:6级以下均可正常飞行
· 翼展:3.4 m
· 机长:2.1 m
· 最高速度:130 km/h
· 动力方式:油电混合
· 起降模式:垂直起降</td><td>SCA200-Ⅱ可见光单光摄像机参数
· 探测器:CMOS2.8in
· 镜头:30倍光学变焦
· 质量:<1 kg
· 尺寸:123 mm×200 mm
· 视屏分辨率:1080 p</td></tr>
<tr><td rowspan="2">HRC FT-P系列机载红外扫描仪参数
· 尺寸:57.4 mm×44.4 mm
· 探测器类型:非制冷焦平面探测器
· 帧频:25 Hz
· 工作高度:+4000 m
· 工作波段:7.5～13.5 μm</td></tr>
<tr><td rowspan="2">EWZ-S8 Mini 2八旋翼无人机
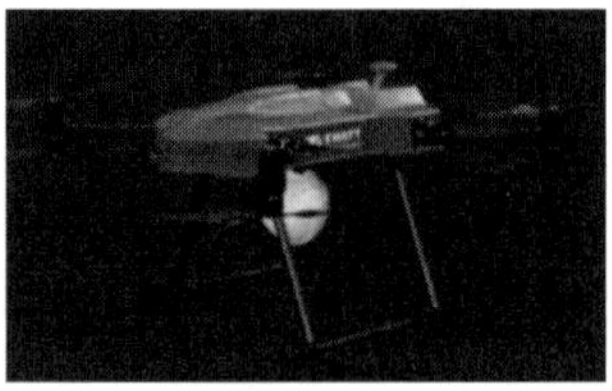</td><td rowspan="2">· 最大任务载重:5.5 kg
· 最大飞行高度:500 m
· 最大起飞质量:10 kg
· 抗风能力:6级
· 起降方式:垂直起降
· 巡航速度:60 km/h</td></tr>
<tr><td>北京富斯德MiniSAR
· 最大测距:2.5 km
· 条带扫描宽度:2 km
· 质量:<3 kg
· 实时成像分辨率:0.3 m</td></tr>
</table>

2.3.8 针对船舶超载海事业务的选型标准

1.针对船舶超载海事业务的无人机选型标准

在实际的对船舶超载的海事监管过程中，海事执法人员目测被检查船舶的水线是否超出相应载重线，若超过，则认定超载。海事执法人员在船舶超载调查时，根据被检查船舶的“载货清单”，计算出装载货物的总重，然后对比“船舶检验证书”中记载的参考载货量是否超出，若超过，则认定超载。海事执法人员在核算超载船舶的超载质量时，忽略了舷外水密度的测定，造成计算不准确，误差较大。当船舶超载量较小时，甚至能够得出与事实相反的结论。

通过无人机搭载吊舱对船舶的实时监控，通过后期的图像处理判断出船舶是否超载。用无人机对船舶超载调查取证的海事业务应纳入海事局常态化管理中，形成固定巡航线路，对岸传输实时图像由后端判断是否超载。假定曹妃甸监管海域最大半径为 r，无人机巡航平均速度为 v，以半圆为无人机的运动轨迹，即可覆盖曹妃甸全部监管海域。

对无人机的续航里程提出要求：

$$a \geqslant \pi r \tag{2-7}$$

同理对其续航时间提出量化标准：

$$t \geqslant \frac{a}{v} = \frac{2\pi r}{v} \tag{2-8}$$

充分考虑曹妃甸溢油水域的水文情况及海洋环境，制定监管特殊区域的海事业务无人机选型标准：

(1)要求无人机的平均巡航速度 $v \geqslant 90$ km/h，保证高效率巡航。

(2)要求无人机的续航时间 $t \geqslant 6$ h，用以保证无人机能安全返航。

(3)聚焦于对船舶超载业务的判断条件，要求无人机拥有数据后处理功能。通用航摄系统无论是飞行平台还是航摄仪都有统一、明确的标准和指标，获取的航摄数据规范、可靠，而无人机系统平台种类杂、性能差别大，相机不标准、数据质量差，特别是结合海岸带、海岛礁地理特点的空三处理技术、与海图标准兼容的信息形式和数据格式等，都需要创新研究和专业设计，因此要求无人机数据后处理软件具有更高的适应性和二次开发能力。

(4)要求无人机任务载荷防水设计。在海陆交接地带作业，必须考虑无人机落水的意外情况。要求传感器有防水设计；无人机材料比重小，能浮于水面；一旦落水，立即启动应答设备，以便海上搜寻。

2. 针对船舶超载海事业务的吊舱选型标准

船舶超载常常是海上事故发生的导火索，现行的超载监管大多是在港口对船舶实行检验，而海上航行船舶超出了监管中心的掌控范围，中心无法对其配载情况实现控制。于是无人机海上自动巡航、识别船舶超载就显得十分必要了。

我们在无人机上搭载装有各项设备的吊舱，包括 AIS 系统、船舶外形扫描的激光传感器、高速智能云台、高清智能追踪摄像机和数据监测控制报警系统。

无人机在水域执行巡航任务时，开启 AIS 系统采集船舶 AIS 信号，实时获取当前船舶的静、动态数据，包括船名、船舶型号、经纬度坐标、航向、航速等信息，以确定无人机是否监控到船舶，然后向监测系统各设备发出监控指令[60]。针对 AIS 设备关闭的船舶，我们利用计算机系统视频监控及激光传感器获取船舶的图像数据和航速、航向等信息。接收到监控指令后，开启激光扫描程序，我们在摄像机上加装了智能的、可遥控的、可变焦距镜头，使其能观察的图像分辨率更高。同时借助控制器，可以实现摄像机的横向、纵向的旋转，达到覆盖角度、面积更大的目的。这是监控的信息源部分，为视频分析、干舷测量、数据分析提供元数据。

采集到的信息汇入数据监测控制报警系统来处理。处理实现的功能有测量数据与图像信号分配与放大、数据的校正与补偿、信号切换等；对带高精度云台的激光传感器、摄像机、电动变焦镜头等设备的控制。系统实现了按需控制传感器设备，获取视频信号、传感器数据，运用算法分析视频、处理传感器数据，计算输出干舷值，存储关联的系统和业务数据，核对此时吃水深度和标准的吃水值，判断船舶是否超载。若发现船舶发生超载或超吃水行为，系统会自动将采集到的数据和图像信息传送到监管中心，工作人员对信息进行处理。

综合考虑在船舶超载海事业务中的经济效益和监管处置效果，给出的推荐机型为小型固定翼无人机。中翔腾航 H180 以其超强的续航能力和优秀的续航里程，完美适配了船舶超载海事业务的选型需求。H180 型无人机系统是中翔腾航设计研发的高端工业级固定翼无人机系统。外形采用机身高置上机翼、单台发动机后推、双尾撑、双垂直尾翼和高置水平尾翼的布局，装配有德国原装进口发动机，从而获得了较大的任务载荷能力，可以搭载性能更好的各类遥感设备，在一定程度上降低了业务成本。H180 具体参数和实物模型如表 2-11 所示。

表 2-11 基于船舶超载海事业务的无人机和吊舱关键设备选型推荐

<table>
<tr><th>拟推荐无人机型号</th><th>无人机技术参数</th><th>吊舱相关设备及参数</th></tr>
<tr><td rowspan="2">中翔腾航 H180 型无人机技术参数
</td><td rowspan="2">· 起飞质量：200 kg
· 最大任务载重：50 kg
· 续航时间：8 h
· 最大飞行高度：5 km
· 最大平飞速度：140 km/h
· 抗风能力：9 级以下均可正常飞行
· 翼展：7.5 m
· 机长：4.2 m
· 滑跑起降距离：250～350 m
· 发电机功率：50 hp
· 起降模式：跑道自主起飞和降落</td><td>P 系列高精度重型可见光摄像机参数
· 探测器：CMOS
· 镜头：30 倍光学变焦
· 焦距：15～350 mm
· 识别距离：>20 km
· 视屏分辨率：1080 p×1920 p</td></tr>
<tr><td rowspan="2">HRC-TM640 热成像机芯参数
· 尺寸：38 mm×38 mm×21.8 mm
· 功耗：<7.5 W
· 质量：<50 g
· 像素：384×288
· 工作波段：8～14 μm</td></tr>
<tr><td rowspan="2">翼飞天羽 F-260 固定翼无人机
</td><td rowspan="2">· 最大起飞质量：17 kg
· 巡航速度：150 km/h
· 作业高度：300～1000 m
· 续航时间：3 h
· 最大抗风：6 级
· 起飞方式：弹射/滑跑
· 降落方式：伞降/滑降</td></tr>
<tr><td>AS-100 多平台激光雷达系统
· 激光等级：1 级
· 测量精度：3 cm
· 质量：830 g
· 扫描频率：5～20 Hz
· 视场角：水平 360°，垂直 30°</td></tr>
</table>

2.3.9 针对船舶特征标志识别判断海事业务的选型标准

1. 针对船舶特征标志识别海事业务的无人机选型标准

船舶重要特征主要包括船舶外侧需要勘划必要的标志和旗帜悬挂两个方面,我们使用无人机对船舶的重要特征进行识别判断。通过无人机可以实现远距离观测,解决了之前调查难、取证难的问题。

现有海事动态监管体系对于船舶特征标识存在的盲区,可通过无人机系统和海巡船与岸基动态监管系统配合扫除,每天不定时在港区监管,强化对通航密集及危险区监控,将有效减少监管盲区。同时,利用远程图像传输技术实时掌握辖区情况,及时发现通航安全隐患及船舶违法行为,结合海巡船现场执法,有效降低巡航执法成本并极大增强执法威慑力,能较好地适应新常态下的监管新要求。

针对船舶特征标识判断的海事业务的无人机选型应聚焦于无人机巡航功能,假设在无人机巡航过程中,对曹妃甸海域的船只进行全覆盖巡航所需要的航程为 L,无人机巡航的均速为 v,对无人机续航时间 t 提出要求:

$$t \geqslant \frac{L}{v} \tag{2-9}$$

充分考虑曹妃甸溢油水域的水文情况及海洋环境,制定监管特殊区域的海事业务无人机选型标准:

为保证无人机巡航业务对船舶特征标识是否正确使用的监管效率,对无人机的巡航速度提出量化要求,即 $v \geqslant 100$ km/h,这样能在一定时间内保证更多的巡航次数,做到法网恢恢,疏而不漏。

曹妃甸监管水域范围较大,对其监管水域进行全覆盖需要花费一定的时间,因此需要无人机的续航时间相对于市面上的同级别无人机拥有更长的续航里程。对无人机单次续航时间 t 提出 $t \geqslant 6$ h。

要求无人机任务载重必须有防水设计。在海陆交接地带作业,必须考虑无人机落水的意外情况。要求传感器有防水设计;无人机材料比重小,能浮于水面;一旦落水,立即启动应答设备,以便海上搜寻。

要求无人机有一定的荷载能力,用来搭载巡航需要的设备,所以要求无人机的载重 $m \geqslant 3$ kg,保证正常巡航功能的实现。

2. 针对船舶特征标志识别海事业务的吊舱选型标准

根据《中华人民共和国船舶登记条例》规定，船舶应当具有以下的标志：船首两舷和船尾标明船名；船尾船名下方标明船籍港；船名船籍港下方标明汉语拼音；船首和船尾两舷标明吃水标尺；船舶中部两舷标明载重线[61]。无人机在海上飞行时，利用图像识别的算法识别船舶标识，我们事先输入多张船舶标识图片进行算法的训练，保证识别功能的准确性。同时通过数字化 CCD 摄像机拍摄标识图片之后，设备自动分析和辨识感兴趣的特征。另外摄像机配合控制器，实现多角度的拍摄。AIS 装置收集船舶的实时动态和静态消息，并与拍摄的船舶图片匹配，信息整理后以数据的形式发送监管中心。图像识别流程如图 2-14 所示。

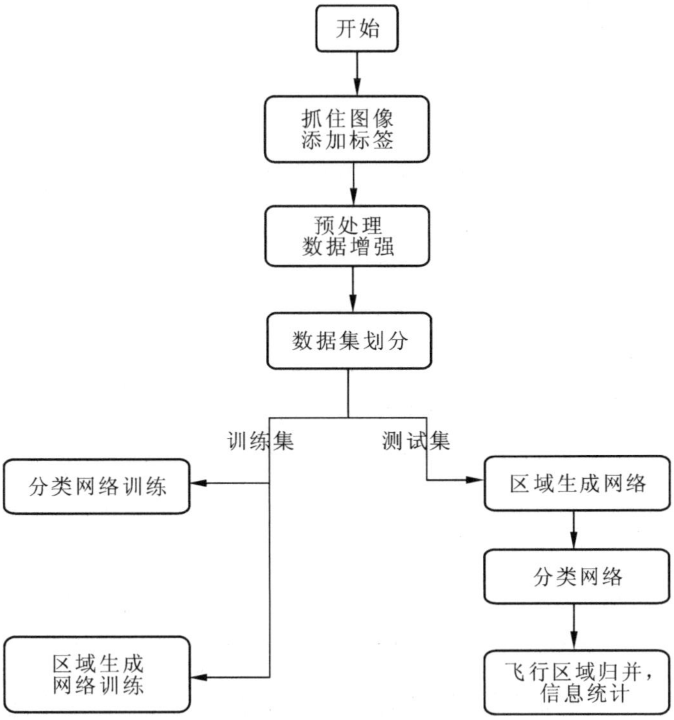

图 2-14　图像识别流程图

综合考虑船舶特征标志监管海事业务中的经济效益和监管处置效果，给出的推荐机型为固定翼无人机。由于针对特殊水域监控和船舶特征标志的识别具体任务要求相类似，ZT30V 以其超强的续航能力和优秀的续航里程，完美适配了船舶特征标志监管海事业务的选型需求。ZT30V 具体参数和实物模型如表 2-12 所示。

表 2-12 基于船舶特征标志识别海事业务的无人机和吊舱关键设备选型推荐

拟推荐无人机型号	无人机技术参数	吊舱相关设备及参数
零度智控 ZT30V 	·质量:25 kg ·最大任务载重:5 kg ·续航时间:5.5 h ·最大飞行高度:3 km ·最大平飞速度:90 km/h ·抗风能力:6 级以下均可正常飞行 ·翼展:3.4 m ·机长:2.1 m ·最高速度:130 km/h ·动力方式:油电混合 ·起降模式:垂直起降	SCA200-Ⅱ可见光单光摄像机参数 ·探测器:CMOS2.8in ·镜头:30 倍光学变焦 ·质量:<1 kg ·尺寸:123 mm×200 mm ·视屏分辨率:1080p HRC FT-P 系列机载红外扫描仪参数 ·尺寸:57.4 mm×44.4 mm ·探测器类型:非制冷焦平面探测器 ·帧频:25 Hz ·工作高度:+4000 m ·工作波段:7.5～13.5 μm
天途 SP-09 北极鸥长航时电动手抛固定翼 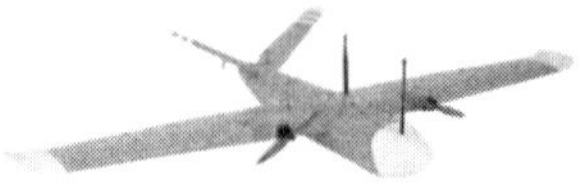	·空机质量:5.3 kg ·飞机载重:≤ 3 kg ·巡航速度:54～60 km/h ·适用高程:80～4000 m ·抗风能力:≤6 级	北京富斯德 MiniSAR ·最大测距:2.5 km ·条带扫描宽度:2 km ·质量:<3 kg ·实时成像分辨率:0.3 m

2.3.10 针对实时海事违章提醒/纠正语音系统的海事业务的选型标准

1. 针对实时海事违章提醒/纠正语音系统的海事业务的无人机选型标准

海事机构对区域内船舶航行的监管主要是通过电子巡航的手段。现行的 VTS 系统基本配置了报警功能,对水域内的险情具有积极的预防、预控、预警作用。聚焦海事业务特点引进无人机系统对海事违章提醒做精确化处理和增强其时效性。现对无人机选型提出以下要求:

(1)聚焦于曹妃甸监管海域,要求无人机续航里程能够对曹妃甸海域监管范围进行全覆盖。对无人机续航里程提出量化要求:$L \geqslant 550$ km。

(2)中型固定翼无人机巡航平均速度为 120～160 km/h,在达到航程 s 的要求下,巡航时间至少需要满足:$t \geqslant 3.5$ h。

(3)无人机最大飞行高度 h 应大于等于 200 m,保证拍摄时能覆盖到较大面积,以便及时发现海事违章船舶,并加以纠正。

(4)曹妃甸地区冬季盛行偏西北风,平均风速为 5.1 m/s;春、夏季盛行偏南和东南风,平均风速为 5.1 m/s 和 6.6 m/s。因此,日常巡航要求无人机抗风能力达 4 级以上即可。

2.针对船舶违章提醒/语音纠正海事业务的吊舱选型标准

这种语音提示系统应用在以下的情景中:在无人机执行巡视任务时,船舶出现一些紧急的危险行为时,并且无人机搭载的系统已经识别出这种局面时,应该快速有效地发出警告信息。或者是监管中心受到无人机传回的信息后,认为有必要警告船舶调整航行状态时指派无人机对违规船舶实施现场警告,特别是没有装备 AIS 或恶意关闭 AIS 的船舶。

吊舱装备摄像设备、AIS 设备、语音播报器和激光指示器。在水域上空拍摄水域图像,图片识别系统提取出图片中邻近船舶,指示 GPS 对被识别船舶定位,将其位置信息和相关动态消息传入数据处理系统中,计算邻近船舶之间的距离和之后的会遇态势。同时,在定线制水域和锚地等特殊水域,GPS 对区域中的船舶定位后,将其位置与区域范围比照,判断船位是否在规定范围内。得到的数据分析结果传送监管中心。

无人机系统判断船舶航行危险时,或接收到中心的实行警告的指令后,吊舱中的激光指示器配置语音播报器向危险船舶发出信号。激光装备在指令下发射出多束激光,并指向当时船舶,激光以一定的发光周期闪烁。监管中心在收到船舶违规信息后,派出无人机航行至船舶周围,用激光的形式对违章船舶发出警告,该措施对恶意关闭通信设备的船舶有重要的意义,但注意激光不要对驾驶人员的瞭望造成影响。用一定分贝的扩音器,播报警告信息,监督船舶及时改正自己的航行动态。

通常需选用的任务载重包括摄像机、合成孔径雷达、AIS 等,必要时,还可以搭载语音传输设备或闪光警告灯。通过无人机搭载配有上述设备的吊舱完成业务的过程大致如下：

事先根据曹妃甸辖区船舶航速要求、该海域各区域内船舶航行的常态确定船舶航速的标准、锚地区域范围和航迹大致范围，以此作为判定其是否存在航行异常行为的标准。船舶限速、锚地经纬度等可以直接获取，船舶正常航迹提取则可基于 AIS 数据利用相关算法，如统计学理论中曲线拟合的最小二乘法，对 AIS 获取的船舶历史轨迹点进行拟合，得到监控海域的典型轨迹。

根据曹妃甸辖区海域大小派出合适数量的无人机进行巡航。

在无人机巡航中所拍摄的照片或者视频的基础上，可以运用 Video-Mosaic[62]视频信息处理系统或者智能视频监控系统等对视频源中的信息进行分析抽取，实时检测、识别视频中的图像内容，判断视频中的异常情况，动态实现异常船舶的定位、跟踪、监控、报警等需求[63]。摄像机照片有效像素 1200 万即可满足需求。

将无人机传回的雷达图像信息和 AIS 获取的信息相互对比，识别出没有开启 AIS 的船舶。选用的合成孔径雷达要求能够适用于无人机，具备质量轻、功率低、全天时全天候作业能力，测距大于 200 m，具备实时图像获取及处理功能，确保地面控制人员能够快速获取数据和图像。

必要时，还可以通过语音传输设备或闪光警告灯，对异常船舶进行提示或者警告。喊话器和闪光警告灯仅需满足灯光和声音的最大有效距离达到无人机飞行高度即可。

综合考虑船舶特征标志监管海事业务中的经济效益和监管处置效果，给出的推荐机型为固定翼无人机。由于针对船舶超载和船舶特征标志的识别具体任务要求相类似，全能鹰固定翼无人机以其超强的续航能力和优秀的续航里程，完美适配了船舶特征标志监管海事业务的选型需求。表 2-13 列举的是无人机和吊舱中主要设备的参数。

表 2-13 基于实时海事违章提醒海事业务的无人机和吊舱关键设备选型推荐

拟推荐无人机型号	无人机技术参数	吊舱相关设备及参数
全能鹰固定翼无人机 	·起飞质量:21.3 kg ·最大任务载重:10 kg ·续航时间:5 h ·最大飞行高度:5 km ·最大平飞速度:115 km/h ·抗风能力:5 级以下均可正常飞行 ·翼展:3.5 m ·机长:1.99 m ·机身高度:300 mm ·巡航速度:100 km/h ·电池质量:8.5 kg ·起降模式:垂直起降 ·电机:500 kV ·机翼面积:70 dm^2	P 系列高精度重型可见光摄像机参数 ·质量:<440 g ·最大像素:1676 万 ·有效像素:1635 万 ·焦距:4.7～47 mm ·稳像精度:≤ 0.05° HRC-TM640 热成像机芯参数 ·尺寸:38 mm×38 mm×21.8 mm ·功耗:<7.5 W ·质量:<50 g ·像素:384×288 ·工作波段:8～14 μm
天途航空 SP-7 双发、电动固定翼无人机 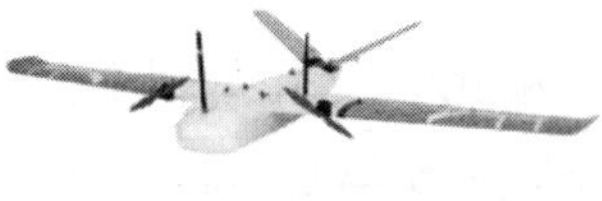	·空机质量:2.6 kg ·飞机荷载:≤1 kg ·巡航速度:≥54 km/h ·抗风能力:5 级 ·动力配置:2 台 2814 电机	AS-100 多平台激光雷达系统 ·激光等级:1 级 ·测量精度:3 cm ·质量:830 g ·扫描频率:5～20 Hz ·视场角:水平 360°,垂直 30°

2.3.11 违章调查取证系统(行为拍照)

1. 针对违章调查取证系统海事业务的无人机选型标准

海事机构对管辖区域内船舶进行严密监控,船舶违法行为时有发生,然而船舶违法行为作为一个过程对于海事监管部门而言面临着取证难和调查难的问题。引入无人机系统可以对违法过程进行取证和记录,大大减少了海事系统对人力财力的投入。根据任务的特殊性对时效性和安全性提出以下要求:

充分考虑曹妃甸溢油水域的水文情况及海洋环境,制定监管区域溢油排污业务无人机选型标准:

(1)非法排污取证工作时效性高,要求无人机能在第一时间抵达非法排污现场,要求无人机巡航平均速率 $v \geqslant 120$ km/h。

(2)无人机续航时间 $t \geqslant 3.5$ h,要求无人机续航里程 $L \geqslant 600$ km。在此定量标准下可以对近海监管海域进行全方位覆盖。

(3)无人机最高升空限度 H 应大于等于 3 km,用以完整拍摄取证。

(4)无人机的抗风能力要求大于 4 级,使其及时在风浪较大时也能保持一定稳定工作的能力。

(5)任务载重必须有防水设计。在海陆交接地带作业,必须考虑无人机落水的意外情况。要求传感器有防水设计;无人机材料比重小,能浮于水面;一旦落水,立即启动应答设备,以便海上搜寻。

2.针对违章调查取证系统海事业务的无人机选型标准

这种语音提示系统应用在以下的情景中:在无人机执行巡视任务时,船舶出现一些紧急的危险行为,并且无人机搭载的系统已经识别出这种局面时,应该向该船舶快速有效地发出警告信息。或者是监管中心受到无人机传回的信息后,认为有必要警告船舶调整航行状态时指派无人机对违规船舶实施现场警告,特别是没有装备 AIS 或恶意关闭 AIS 的船舶。

这个功能的实现主要依靠光电吊舱,且对镜头的像素和变焦性能提出更高要求。海上事故一旦发生,后果十分严重,调查人员即使想进入现场搜集证据,也要考虑现场的不确定因素造成的安全隐患。因此,用无人机代替调查人员进入现场,进行证据的识别记录。无人机配载的光电吊舱的摄像头保证高清拍摄、细节巡视。

镜头拍摄到的视频和图像消息通过图片传输系统发给调查人员,该系统通过 5.8 GHz 无线载波技术,实现高清画面实时传输。搭配云台可以进行水平、俯仰、滚转三个方向的 180°转动,进行多视角调整;另外 IOSD 读取主控里面的各种传感器信息并和视频叠加,通过图传回地面监视器,传感器信息主要有无人机动力电压、飞行速度、相对高度、与返航点距离、水平姿态,以及无人机接收 GPS 卫星数等内容,帮助调查人员判断飞行器当前的方向和速度,得知拍摄视角。

为了保证无人机在各种情境下的适用性,考虑装配红外摄像机,红外摄像机不受气象条件以及烟尘等外界因素的干扰,可以较好地完成海事事故现场的情况勘测。

远程遥控设备：监管中心在实时观看无人机传回的视频资料时，可以控制无人机的飞行位置以及摄像机镜头的角度，以便获得最有效的实时数据。对重点位置可以指挥摄像机拍照留下图像证据。

综合考虑在违章调查取证海事业务中的经济效益和监管处置效果，给出的推荐机型为固定翼无人机。以轮式滑行起飞及降落的星宇航空漫游者Ⅱ无论是其续航能力还是续航里程都能满足非法排污海事业务的选型需求，并且该机型技术成熟，价格相对于其他无人机较为经济。推荐吊舱内的主要设备和星宇航空漫游者Ⅱ具体参数和实物模型如表 2-14 所示。

表 2-14　基于违章调查取证海事业务的无人机和吊舱关键设备选型推荐

拟推荐无人机型号	无人机技术参数	吊舱相关设备及参数
星宇航空漫游者Ⅱ型无人机 	· 质量：44 kg · 最大任务载重：20 kg · 续航时间：5.5 h · 最大飞行高度：3 km · 最大平飞速度：175 km/h · 抗风能力：5 级以下 · 起飞滑行距离（最大起飞质量）：＜300 m · 最大起飞质量：86.5 kg · 机载电源、飞行控制系统及数据链系统：1.5 kg · 经济巡航速度（最远航程速度）：120～130 km/h	SCA130 可见光单光摄像机参数 · 镜头：30 倍光学变焦 · 质量：＜1 kg · 尺寸：123 mm×200 mm · 视屏分辨率：1080p GC20 红外热像仪参数 · 质量：＜130 g · 探测器类型：非制冷焦平面探测器 · 像素：640×480 · 尺寸：40 mm×40 mm×40 mm · 成像时间：＜10 s
天途 SP-09PRO 北极鸥垂直起降电动固定翼 	· 空机质量：8 kg · 载荷质量：≤1 kg · 巡航速度：≥70 km/h · 适用高度：80～1000 m · 抗风能力：5 级 · 动力配置：2 台 3520 电机	HRC-P6200 激光夜视摄像机 · 像素：500 万 · 分辨率：1920×1080 · 焦距：8.1～310 mm · 光圈数：F1.5～F6 · 最低照度：彩色 0.002 Lu 黑白 0.0002 Lux

2.4 应急处置业务选型分析及研究

2.4.1 针对落水人员/船舶搜寻的选型标准

1. 针对落水人员/船舶搜寻的无人机选型标准

随着海上作业任务日益增多，海上交通已经变得越来越复杂，海上重大人身伤亡和经济损失的交通事故也频频发生，人员落水遇险的情况也日益增多。《中国海上搜救中心水上险情应急反应程序》中对各级搜救组织的响应时间做了相应的规定。人体温度一般不会低于 35 ℃，长期处于低于这一温度的水中，人体细胞会紊乱，血液也会流动不畅，造成缺氧，人体进入昏迷状态。一般人在低温水域生存极限如下，穿着常服并保持静止，在海水的存活时间：0 ℃以下的海水，只能耐受几分钟；1 ℃海水，7 min；2 ℃海水，15 min；2.5 ℃海水，30 min；5 ℃海水，60 min；10 ℃海水，3 h；10～15 ℃少于 6 h；15～20 ℃少于 12 h；超过 20 ℃不定（视疲劳程度而定），能在 0～4 ℃冰水混合物中坚持 30 min的人极少。这就要求海上搜寻救助行动迅速、有序、高效。

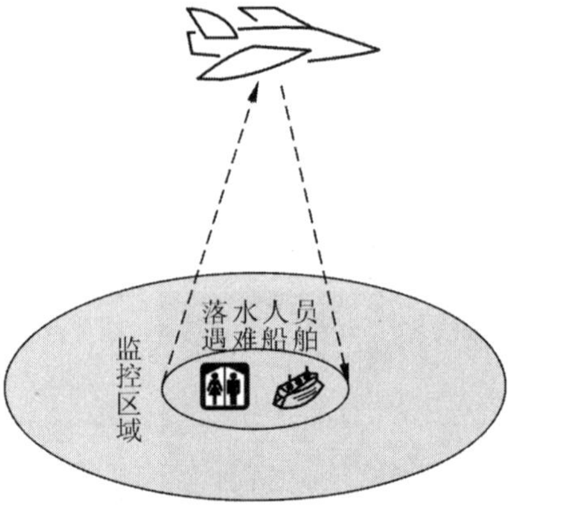

图 2-15 无人机救助落水人员/遇难船舶示意

现行的海上搜救方式比较容易发现水面船只，但要及时发现落水人员难度极大。当有人落水时，不能及时且准确地获取落水者的位置信息，往往延误了最佳救援时间或导致搜救无果，而且海上或河流水流变化比较快，环境比较复杂，这也给海上人员搜救工作带来不小的压力，大大增加了搜救工作的难度。针对现状，我们利用无人机的快速和灵活的优点来搜寻遇险船舶和人员（图 2-15）。

针对搜寻业务我们对无人机的性能做定量分析，假设船舶/落水人员位置距岸 L(nmile)，无人机的航速为 V（单位为 m/s），可得无人机到达搜寻地点的时间t(s)为：

$$t=L/V \tag{2-10}$$

由于人命救助相比搜寻遇险船舶更加紧急，我们侧重于人命救助的紧迫度。根据前面叙述的常人在水中的生存时间，我们将海水温度作为一个加权因素，设定人在夏天海水（温度大于 10 ℃）存活时间 t_1 为6 h，在冬天海水（温度小于 10 ℃）中存活时间 t_2 为45 min。而曹妃甸水域的监管范围假定为100 nmile，作为船舶/落水人员离岸距离 L 的最大值，于是我们可以得到无人机航速最低标准：

（1）夏天海水温度（温度大于 10 ℃）

$$V_1 = L_{\max}/t_1 \tag{2-11}$$

（2）冬天海水温度（温度小于 10 ℃）

$$V_2 = L_{\max}/t_2 \tag{2-12}$$

以上述分析为基础，针对船舶/落水人员搜寻业务，我们提出以下量化标准：

（1）搜寻救助任务讲究快速响应，要求无人机能尽快抵达事故现场，估算夏天海水温度，无人机航速 $V \geqslant 35$ km/h；冬天海水温度下无人机航速 $V \geqslant 250$ km/h。

（2）要求无人机续航里程 $L \geqslant 400$ km/h。在此定量标准下可以对曹妃甸监管海域进行全方位覆盖。

（3）要求无人机的抗风能力大于 4 级，使其即使在风浪较大时也能保持一定稳定工作的能力。

2.针对落水人员/船舶搜寻的无人机选型标准

人员在海上落水后，进行搜救的关键是快速反应，赢得救援人员的“黄金时间”。一旦发生海难事故，海上监管人员便可以第一时间派出救生无人机投入到搜救当中。无人机以最快的速度到达海难发生区域进行搜索，并对一切海面漂浮物体进行跟踪定位，为后续的救援工作提供可靠的依据。我们根据这项巡航业务的需要，对无人机搭配的吊舱做以下的设备要求：

（1）根据事故实际情况，吊舱内搭载高倍变焦摄像机、语音传输设备、红外传感器等任务载重后，即刻派出无人机前往事故水域进行搜寻救助。

（2）高清光学变焦摄像头：具有变焦拍照和摄像的功能，利用无人机作为飞行平台可实现全天候对远距离目标的追踪、摄像、监控[64]。南京钟山苑航空技术有限公司推出了 30 倍光学变焦吊舱 SKYEYES-20E，有效像素 500万，质量 780 g，相机抖动控制在 0.01°以内。高倍变焦能够远距离捕捉清晰的细节，对搜寻海上落水人员有重要意义。

(3)语音传输设备(喊话器、高音喇叭):通过语音对落水人员进行安抚,稳定其情绪使其协助救援,还可语音指导落水人员使用救生浮动装置,条件允许时指导其自救。

(4)红外传感器:红外探测器通过红外遥感在 0.76～30 μm范围内进行探测,通过检测人员与海水的不同温度生成红外图像[65]。红外热像仪通过红外辐射生成热图像,在夜间也可帮助识别落水人员。

派出的无人机通过航拍功能和远距离视频传输技术将搜寻救助过程中拍摄的画面实时传输给控制中心,指挥人员通过图像和视频参考现场情况,制定和调整搜救计划,采取更加合理和有针对性的救助行动。此外,指挥人员可实时观察搜索过程,通过落水人员的救生衣或者救生信号灯等发现落水人员。发现疑似落水人员时,可利用高倍变焦摄像机对远距离目标进行追踪、摄像和监控,放大图像细节。夜间巡视任务执行过程中,我们利用红外传感器来实现人员和物体的识别。

鉴于以上的业务需要、无人机和吊舱的性能指标,我们在当前的市场上寻找到以下型号和设备作为推荐,见表 2-15。

表 2-15 基于落水人员/船舶搜寻业务的无人机和吊舱关键设备选型推荐

拟推荐无人机型号	无人机技术参数	吊舱相关设备及参数
彩虹 3(CH-3) 	· 起飞质量:632 kg · 载重:60 kg · 巡航速度:150～220 km/h · 续航时间:≥12 h · 最大高度:3000～5000 m · 抗风性能:≥6 级	SKYEYES-30E-E500 30 倍光学变焦吊舱 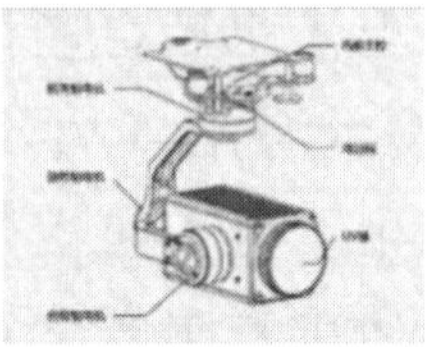 · 尺寸:115 mm×166 mm×174 mm · 质量:780 g · 有效像素:500 万 · 最大分辨率:3096(H)×2080(V) · 等效焦距:28.8～864 mm · 光圈:F1.5～F4.3 · 最小拍摄距离:100～1500 mm

续表 2-15

拟推荐无人机型号	无人机技术参数	吊舱相关设备及参数
翼飞天羽 F-260 固定翼无人机 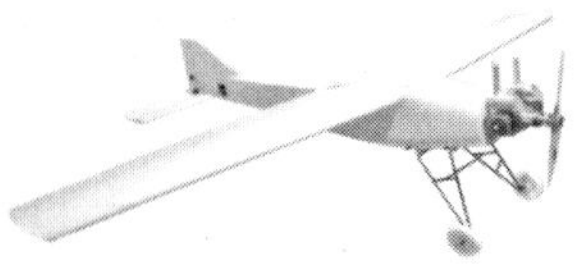	· 尺寸：2100 mm（长）×2600 mm（宽） · 最大作业高度：1000 m · 最大飞行半径：150 km · 控制距离：50 km · 续航时间：3 h · 巡航速度：150 km/h	UAV-AT1025A 海康威视无人机高空机载喊话器  · 广播距离：≥500 m · 音量调节：0～10 级 · 失真率：<5% · 功率：25 W

2.4.2 针对紧急事故区域监控（遇险船舶紧急处置）的选型标准

1. 针对紧急事故区域监控（遇险船舶紧急处置）的无人机选型标准

海上事故发生水域环境复杂多变，为减小事故对辖区通航环境的影响，保障港口的正常生产作业秩序，降低事故的危害程度，防止二次意外事件发生，海事部门对事故水域会进行水域监控和交通管制。另外，海上事故发生水域可能伴随着沉船或者其他水下碍航物等，及时做出航标应急反应，开展应急设标工作。目前，海事部门主要依靠海事执法支队和基层海上执法大队的海上巡航和港区范围内的 AIS 监控来实现这一业务。这种传统的方式反应滞后，响应速度没有优势，我们想到用反应行动快速的无人机来执行这一任务。

为了保证无人机水上监管力量覆盖整个曹妃甸水域，我们在曹妃甸管辖水域大小基础上对无人机的性能作以下定量分析。我们假设曹妃甸水域的监管范围是以 $r=100$ nmile 为半径的半圆，于是：

$$\text{无人机巡航里程 } L \geqslant \pi \times r \times 1.852 \quad (2\text{-}13)$$

我国 2007 年出台的《国家水上交通安全监管和救助系统布局规划》中说明了应急的快速响应性，规定沿海重点水域离岸 50 nmile 应急到达时间不超过 150 min，在沿海离岸 100 nmile 应急到达时间不超过 90 min。从事故发生区域上看，沿海险情主要发生在离岸 50 nmile 以内[66]。在沿海水上交通险情总量中，发生在离岸 50 nmile 以内海域的占 94%，发生在离岸 50～100 nmile

和 100～200 nmile 的险情分别只占 3%。我们假设事故发生在大概率的 50 nmile 范围内，鉴于应急响应决策中的响应时限要求，要求：

$$\text{无人机航速 } V \geqslant 50 \text{ nmile/150 min} \tag{2-14}$$

同时《国家水上交通安全监管和救助系统布局规划》对海上监管提出了全天候运行的要求，保证监管力量在 6 级海况下（风力 9 级、浪高 6 m）能够实施有效监管。于是我们对无人机设备的抗风能力提出标准，要求其至少能抵抗 6 级风力。

以上述分析为基础，针对紧急事故区域监视业务，我们提出以下量化标准：

（1）要求监视力量快速响应，无人机航速 $V \geqslant 37$ km/h。

（2）要求无人机续航里程 $L \geqslant 400$ km。在此定量标准下可以对曹妃甸监管海域进行全方位覆盖。

（3）要求无人机的抗风能力大于 6 级，使其保证全天候监管能力。

2. 针对紧急事故区域监控（遇险船舶紧急处置）的吊舱选型标准

事故水域内可能存在尚未发现或者清理的障碍物，因此需要对事故水域进行监控，保证周遭船舶航行的安全。对紧急事故区域的监控，我们在无人机搭载的吊舱中装备语音传输设备（喊话器、高音喇叭）和照相机、摄像机。并对设备作以下详细要求：

（1）语音传输设备（喊话器、高音喇叭）：提醒事故区域周围水域的船舶，组织船舶通行秩序。

（2）高清摄像机：通过图像和视频查看事故水域及其附近是否存在有碍船舶航行的物体，确保及时清障和做出航标应急反应。

无人机搭载 AIS 系统，利用 GPS 定位并收集水域信息，确定事故水域范围，为无人机制定监控路线；无人机在既定路线进行巡航监控时，将拍摄的图像和视频实时传输回控制中心，直观反映事故水域周遭的船舶航行情况和是否存在障碍物。通过视频信息发现船舶误入事故水域即通过语音传输设备对其进行提醒。设置自动播放的提示内容，利用语音传输设备在无人机巡航监控的过程中同时提醒过往船舶不要靠近事故水域。

鉴于以上的业务需要，对于无人机和吊舱的性能指标，我们在当前的市场上寻找到以下的设备作为推荐型号，见表 2-16。

表 2-16　基于紧急事故区域监控(遇险船舶紧急处置)业务的无人机和吊舱关键设备选型推荐

拟推荐无人机型号	无人机技术参数	吊舱相关设备及参数
北京德可达 TC-1235 	· 尺寸:280 cm×150 cm×82 cm · 质量:40 kg · 有效载重:35 kg · 最大巡航速度:100 km/h · 最大飞行高度:2000 m · 抗风等级:7 级	高空喊话器:SFT-APSload  · 喇叭功率:20 W · 功放功率:40 W · 频率:433 MHz · 对讲机传输距离:2 km · 声音辐射半径:1 km
BQX-6S 项目六旋翼无人机 	· 轴距:1260 mm · 抗风等级:6 级 · 最大水平飞行速度:17 m/s · 最长飞行时间:64 min · 工作环境温度:−20 ℃至 45 ℃ · 最大载重:10 kg	高清摄像机:HHOP-545S 五目倾斜相机  · 相机个数:5 个 · 相机总像素:>2.1 亿 · 镜头焦距:25 mm/35 mm · 最小曝光间隔:1 s · 存储容量:329 G · 整机质量:1.5 kg

2.4.3　针对救生设备投放的选型标准

1. 针对救生设备投放的无人机选型标准

实施水上救助的首要任务就是救助人命,“时间就是生命”是救助过程中一切行动的准则,搜救力量应该在“救助黄金时间”内赶到事故地点施救。海事监管部门在进行救助时,一般是采用船艇携带救生设备接近落水人员。这种一般的方式受环境影响较大,且出动速度不迅速。我们提出用无人机来代替普通船艇。

参考前面船舶/落水人员搜寻任务的分析,我们可以确定部分的无人机的性能指标。执行救生设备的投放时(图 2-16),无人机需要携带救生设备,于是我们要求无人机有一定的载重能力。海上救生设备包括救生衣、救生圈、救援绳等。我们搜集了市面上主要的型号帮助我们划定无人机的载重标准。

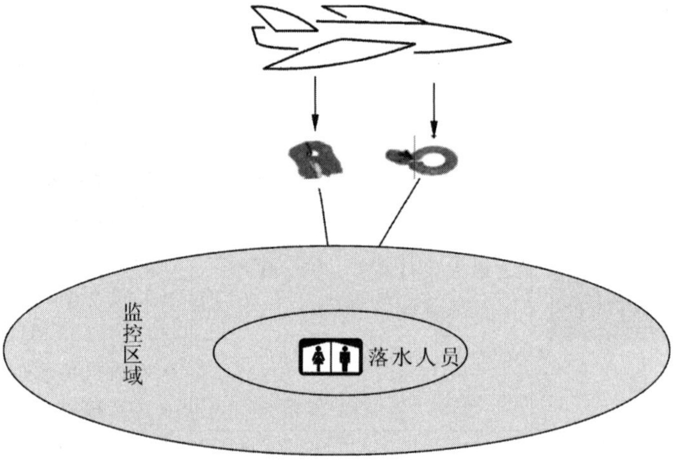

图 2-16　无人机投放救生设备示意

(1)东台市安华救生设备有限公司的气胀式水上安全圈，型号为 ZHAQQZD 型(图 2-17)。这种气胀式水上安全圈，体积小、质量轻、易投掷，救生效率高，适合在任何水域中的突发性救生需要，本产品另带一根 30 m 的抛绳，可以快速和安全圈连接。

图 2-17　ZHAQQZD 型气胀式水上安全圈

ZHAQQZD 型自动充气安全圈主要技术参数：①质量：<0.6 kg；②浮力：≥78.4 N；③充气成型时间：≤5 s；④24 h 后浮力损失：≤5%；⑤CO_2 气体质量：17 g；⑥漂浮时间：≥24 h；⑦使用环境温度：－30 ℃～＋65 ℃；⑧有效日期：3 年。

(2)东台市安华救生设备有限公司背心式气胀救生衣(图 2-18)，背心样式，前襟和下摆均为可调式插口，可松可紧，气胀前穿着轻便；气胀后气囊将上身紧紧裹住，合理的气室分布可将人体自动翻转仰面倾斜浮于水面，头部高于水面120 mm；材质：TPU 尼龙复合荧光橙，单双气囊，可手动、自动、手自动充气，携带 17 g CO_2 储气钢瓶。

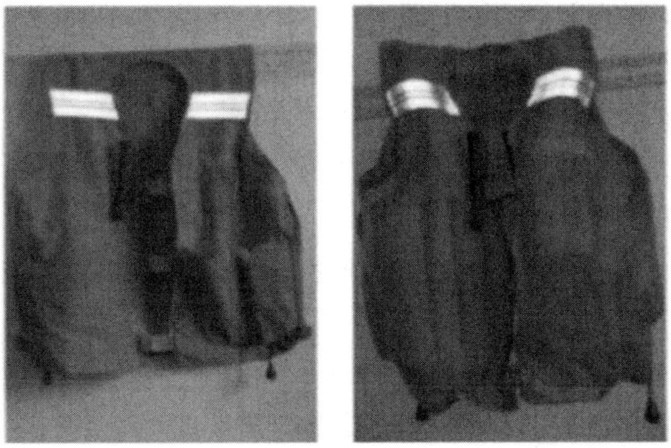

充气前　　　　充气后

图 2-18　背心式气胀救生衣

(3)厦门市神手科技有限公司的 SHENGSHOU/神手-自动充气救生衣如图 2-19 所示。穿戴着自动充气救生衣 SY-A150，一旦落入水中，能自动充气。救生衣轻便、小巧，不妨碍工作，克服泡沫救生衣笨重、闷热等不良特性。当穿戴着此救生衣落水处于昏迷状态时，具有自动扶正入水姿势功能，可使头部始终保持仰面朝上，提供最佳安全救护。

技术参数：①CO_2 气瓶：单气囊 33 g×1，双气囊 33 g×2；②浮力：单/双气囊 16 kg；③主要指标：后倾角 30°～50°；④口部与水面距离≥120 mm；⑤充气时间：自动≤5 s，手动≤3 s；⑥浮力损失：24 h 浮力损失<5%。

图 2-19　SHENGSHOU/**神手-自动充气救生衣**

根据上述实物产品进行计算，设计无人机搭配 3 个气胀式水上安全圈，3 件 SHENGSHOU/神手-自动充气救生衣和 3 件背心式气胀救生衣，设置一定的载重富余量为 2 kg，可得无人机总载重 W 为：

$$W=0.6\times3+0.017\times3+0.033\times2\times3+2=4.1(\text{kg}) \tag{2-15}$$

综合上述的计算分析，得到以下的无人机技术标准：

(1)人命救助需要快速出动，要求无人机能尽快抵达事故现场，在上面估算中我们要求在夏天海水温度下，无人机航速 $V \geqslant 35$ km/h；冬天海水温度下，无人机航速 $V \geqslant 250$ km/h。

(2)要求无人机续航里程 $L \geqslant 400$ km，在此定量标准下可以对曹妃甸监管海域进行全方位覆盖。

(3)要求无人机的抗风能力大于 4 级，使其即使在风浪较大时也能保持一定稳定工作的能力。

(4)要求无人机的载重至少为 4.1 kg，保证无人机有能力携带足够的救生设备，从一定程度上解决群体性人命救助事件。

2. 针对救生设备投放的吊舱选型标准

海事发生常伴随着人命的救助，人命救助要求海事机构快速有效地执行。我们充分利用无人机的易达、灵活且快速的优点来完成人命救助工作。我们设计在吊舱中装备 AIS 系统、高清/红外相机、救生设备，对设备做下述要求：

(1)AIS 系统：船舶自动识别系统，收集水域中船舶位置、船速、航向等船舶动态，以及船名、呼号、吃水、船舶尺度等船舶静态资料[67]。

GPS 设备对落水人员进行定位，将其位置传送给岸上搜救组织或者其他搜救力量。

(2)高清/红外相机：相机采集水面图像，其中设置图像处理分析算法。对采集到的图像做图像预处理取运动目标，将得到的运动目标区域先进行倒影检测，排除倒影干扰，再进行基于 HOG-SVM 的人体检测，最终达到对落水人体的在线检测任务[68]。该算法在水域救生中人体辨识这一问题上具有较强的准确性和快速性，对尽快确定落水人员的准确位置、缩短救助时间、提高落水人员的生存概率具有一定效果。

(3)救生设备：在吊舱中放置救生装置，如救生衣、救生圈。携带的救生筏要求为遇水充气式，遇水自动打开，空间占据更小且轻便[69]。在救生设备中都装配无线电示位器，可向临近船舶以及岸上监管中心发送位置消息，等待进一步的救援。

无人机搭载吊舱，吊舱作为一个容器装置，装配上述的救生设备。在吊舱中安置夹架，每个夹架锁定住一类的救生设备。在前述的落水人员识别过程中，一旦识别，系统发送指令，夹架解除锁定，无人机航行到识别位置释放救生设备。携带的救生设备为充气式，遇水自动打开。无人机识别落水人员位置信息，并发送到监管中心等待进一步搜救指令。

鉴于以上的业务需要，对于无人机和吊舱的性能指标，我们在当前的市场上寻找到以下设备，以此满足该项业务的各项需要，见表 2-17。

表 2-17 基于救生设备投放业务的无人机和吊舱关键设备选型推荐

拟推荐无人机型号	无人机技术参数	吊舱相关设备及参数
彩虹 3(CH-3) 	· 起飞质量:632 kg · 载重:60 kg · 巡航速度:150～220 km/h · 续航时间:≥12 h · 最大高度:3000～5000 m · 抗风性能:≥6 级	FLIR DUO PRO R 双视无人机用红外热像仪  · 质量:325 g · 像素:640×512 红外像素/1200 万可见光像素 · 热灵敏度:<50 km · 显示模式:红外、可见光、融合或画中画影像 · SD 储存:双 64 G · 视频输出模式:HDMI、模拟
DB-2S 高原型长航时固定翼无人机  充气前　充气后	· 全长:2000 mm · 全高:600 mm · 翼展:2700 mm · 最大起飞质量:17 kg · 最大任务载重:3～5 kg · 巡航速度:100～110 km/h · 最大飞行速度:150 km/h · 最大爬升率:12 m/s · 最大升限:海拔 5000 m · 最大续航时间:4 h(载重 3 kg 情况下) · 环境适应性温度:－35～＋50 ℃;湿度:5%～95%	东台市安华救生设备有限公司背心式气胀救生衣  · 材质:TPU 尼龙复合荧光橙 · 气囊形式:单双气囊 · 充气方式:手动、自动、手自动充气 · 储气钢瓶:17 g ZHAQQZD 型自动充气安全圈  · 质量:<0.6 kg · 浮力:≥78.4 N · 充气时间:≤5 s · CO_2 气体质量:17 g · 使用环境温度:－30～＋65 ℃

2.4.4 针对通信中继的选型标准

1. 针对通信中继的无人机选型标准

船舶和船岸之间进行通信的设备主要有 VHF 无线电话和 VTS 通信设备,VHF 频率范围是 30 MHz 到 300 MHz,波长范围是 1 m 到 10 m,高频段频率资源丰富、容量大,但传播损耗大、覆盖距离短、绕射能力弱、技术难度大、系统成本高。海上 VHF 宽带数据通信有别于传统的语音通信,对通信系统误码率的标准要求较高,实际通信效果依赖于不同海上媒介和海况条件下传播的电磁波[70]。当 VHF 通信系统受到的干扰过于强烈,或者系统维护工作欠佳,VHF 通信甚至会发生中断。参照陆上的通信系统,在海上设立通信中继站,用无人机作为载体。中继原理如图 2-20 所示。中继通信平台应满足的主要性能指标如下:

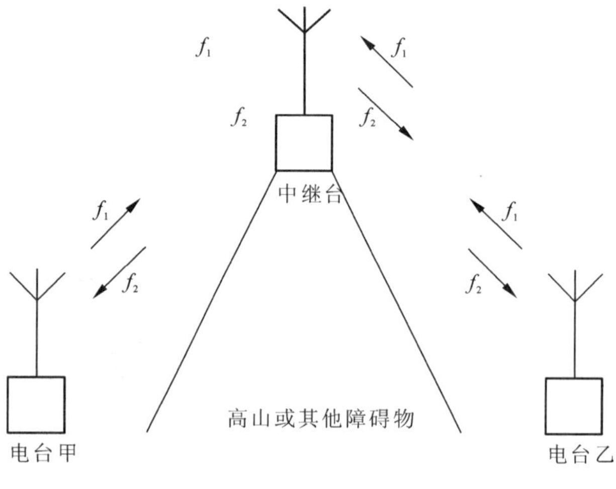

图 2-20 VHF 中继原理示意图

(1)通信速率:最高 10 Mbps;

(2)中继通信节点间距:50 km;

(3)节点高度:30 m;

(4)误码率:1×10^{-5};

(5)空中中继平台发射功率:10 W;

(6)地面基站发射功率:20 W。

一个中继通信平台的中继节点距离是 200 km,节点高度是 30 m,因此无人机编队飞行高度要保持在 30 m 以内,飞行间距小于 200 km。当通信网目标范围大于 200 km 时,利用多架无人机组成飞行编队协同进行区域覆盖。

综合上述的分析，得到以下的无人机技术标准：

(1)要求无人机续航里程 $L \geqslant 400$ km。在此定量标准下可以对曹妃甸监管海域进行全方位覆盖。

(2)要求无人机的抗风能力大于 4 级，使其即使在风浪较大时也能保持一定稳定工作的能力。

2. 针对通信中继的吊舱选型标准

由于海上信号传输的衰弱和干扰的原因，我们需要在海上设置中继站来保证信号的强度以及顺利的传送。于是联想到用无人机来实现这一功能。

吊舱搭载通信中继平台，无人机飞行到在岸台与船舶之间，接收一方发来的消息，对其信号放大，然后将放大的信号转发给另一方。我们在吊舱的设备中装备通信中继器，对其要求如下：吊舱搭载通信中继器，无人机飞行到在岸台与船舶之间，接收一方发来的消息，对其信号放大。

其中，无人机负责搭载中继通信平台升空，飞到指定任务区域并悬停，无人机地面站负责监控飞机姿态，显示飞行数据，为无人机或无人机编队做航迹规划及实时监控，对无人机的异常状态或临时需求进行实时控制操作，飞控板则保证无人机飞行过程中的安全稳定性，在无人机遇到紧急情况或与通信网断开联系后，自主飞行控制体系能保证无人机安全返回基地。

鉴于以上的业务需要，对于无人机和吊舱的性能指标，我们在当前的市场上寻找到以下设备符合该项业务的各项需求，见表 2-18。

表 2-18 基于通信中继业务的无人机和吊舱关键设备选型推荐

拟推荐无人机型号	无人机技术参数	吊舱相关设备及参数
KWT-X6H 长航时油电混动多旋翼无人机 	· 尺寸：2313 mm±20 mm · 标准起飞质量：15 kg · 任务载重：≤3 kg · 2.5 kg 悬停时间：≥150 min · 最大抗风能力：14 m/s · 最大飞行速度：12 m/s · 最大工作海拔：2000 m · GPS 悬停精度： 垂直方向：±1 m 水平方向：±2 m	通信中继器：GCAN-206（CAN 网桥/中继器）  · 尺寸：113 mm×100 mm×21 mm · 安装方式：DIN 导轨 · CAN 通道数：2

续表 2-18

拟推荐无人机型号	无人机技术参数	吊舱相关设备及参数
DX6 型多旋翼无人机系统 	· 最大载重:10 kg · 最大巡航速度:36 km/h · 悬停时间:70 min · 最大抗风性:5 级 · 工作极限温度:－20～＋55 ℃	· CAN 波特率:10 K～1 M · CAN 接口定义:CAN_H、CAN_L、CAN_GND · 转发速率:8000 帧/s

3 模块化吊舱设计

3.1 引言

单一的无人机系统只能实现飞行任务，要想完成多任务的海事监管，需要在无人机上搭载吊舱满足任务要求。搭载吊舱的无人机既保留了无人机很好的机动性，又能够实现对监管海域的实时监控，对传统的海事巡航信息化过程十分有利。在装配无人机时，对于不同的型号设计不同的吊舱产生很大的不便，为了能够使得多种吊舱相互组合，设计了一种可组合的模块化吊舱结构，能够通过快速拼接完成吊舱功能整合。

3.2 光电吊舱

3.2.1 光电吊舱的系统组成和工作原理

陀螺光电吊舱基本组成分为陀螺稳定平台和光电有效载荷（探测器）两大部分。光电载荷安装在陀螺稳定平台上，通过陀螺稳定平台隔离载机的振动，获得相对惯性空间稳定的平台空间，并且在控制指令的驱动下，实现光电载荷对目标的搜索、捕获、跟踪和定位。因此无人系统陀螺稳定平台实现两大功能：一是空间稳定，二是能够跟踪目标[71]。探测器（有效载荷）可根据担负任务的不同而采用不同的组合搭配。对完成搜索跟踪任务的光电吊舱来说，一般包括可见光/微光摄像机、红外热像仪、激光照明和激光测距仪等。

基于惯性技术的陀螺平台稳定的基本思想是利用陀螺获取的信息来实现光电载荷相对于惯性空间的视轴稳定。将待稳定光电探测器固定在平台上，通过若干个旋转框架支撑起平台，为光电探测器的视轴线姿态变化提供必要的自由度，同时在平台上加装陀螺惯性元件用于检测载体运动耦合产生的平台晃动。当载体发生姿态变化时，会通过耦合方式对平台产生一定的干扰力矩并引起角速度变化，此时陀螺输出的角速度信号即为探测器视轴线相对惯性空间存在的角速度，通过将该信号反馈至框架电机控制回路，使框架电机产生相应的补偿力矩用于抵消干扰力矩对平台稳定性的影响，进而保证了载体运动对视轴线的干扰保持在允许范围内。

光电吊舱（图 3-1）的工作原理是采用可见光（TV）和红外光成像传感器作为闭环控制系统的位置误差传感器，输出目标方位信息或外引导信息，对目标区进行搜索并对锁定的目标进行自动跟踪[72]。转塔与所载跟踪探测器形成闭环跟踪后，将输出经过处理的目标方位和俯仰偏差变换成正比的控制信号，作用于陀螺仪的力矩器上。力矩电机输出与方位、俯仰误差成正比的控制力矩，使跟踪架的光电探测器保持对目标的跟踪。

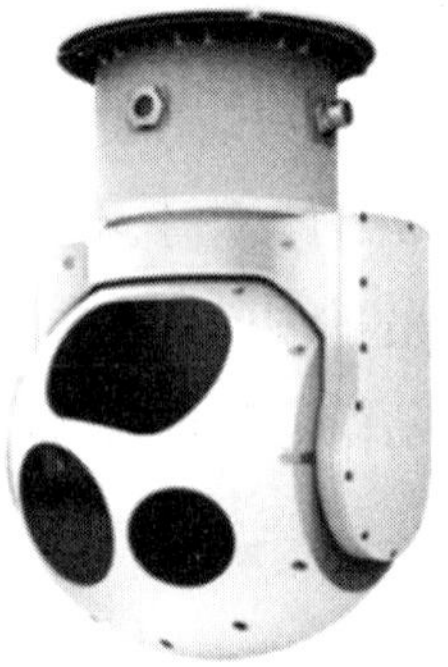

图 3-1　光电吊舱

3.2.2　国外光电吊舱在无人系统的应用情况

光电吊舱在国外的无人系统中得到普遍装备，典型的有瑞典 POLYTECH 公司、美国 FLIR 公司、以色列飞机工业公司等，无人系统专用光电吊舱在这些国家也得到了很大发展。表 3-1 列举了两种典型的吊舱。

国外生产吊舱的企业中，其中较为著名的是 FLIR 公司，它提供了几个系列的几十种型号的光电吊舱供不同情况使用，其中针对无人系统应用提供了 3.5～16 in 不同的选择，其中的无人机载吊舱系列，典型的如 Ultra 7500、Ultra 8500，船载吊舱系列，典型的如 M400、M500。其吊舱性能指标如表 3-1 所示。

FLIR-M500 远距离制冷型多光谱取证吊舱的性能指标较为先进，它包括中波制冷探测器、一台高清彩色可见光摄像机和一个高亮度 LED 聚光照明灯以确定附近的目标。它主要用于无人海洋系统中的非法入境监测、海上执法、反海盗监测、船舶跟踪以及无人船的辅助导航等。

表 3-1 国外吊舱性能

吊舱型号	Ultra 7500	M500
公司	美国 FLIR	美国 FLIR
尺寸(直径×高度)	229 mm×343 mm	273 mm×397.5 mm
质量	11.8 kg	20.4 kg
方位视场	360°连续	360°连续
俯仰视场	360°连续	−90°～+90°
像素	768×494(NTSC)	1920(H)×1280(V)
光学放大	18 倍	30 倍
水平视场角	窄:0.7°×0.6°,宽:48°×32°	64°(最小变焦)～2.3°(最大变焦)
照度	0.2 lux	0.0 lux

3.2.3 国内光电吊舱在无人系统的应用情况

在国内,近几年在军民融合发展战略的推动下,无人系统光电吊舱也有了一定速度的发展,特别是在侦察告警、目标指示、控制瞄准和导航跟踪等方面得到广泛的重视。目前光电吊舱除用于无人侦察机外,还可用于目标特性测量、城市监察等方面,在电力巡线、海上缉私、环保监测等民用方面也有一定的应用。

洛阳空空导弹研究院下属凯迈测控公司研发了小型无人机使用的 PLY-10 Mini 型昼夜光电侦察系统:采用双轴陀螺稳定系统,提供+20°～−110°俯仰角范围与连续的 360°方位角范围,稳定精度 100 μrad;可见光传感器采用 42.2°～1.6°连续变倍的彩色 CCD,需要手动对焦,提供自动亮度与对比度控制;红外传感器采用非制冷红外热像仪,分辨率为 384×288;整体质量 5 kg,直径 160 mm,包含视频跟踪功能。搭载该系统的无人机(光电吊舱)已经在森林防护、火灾救援、交通疏导等领域得到实际应用。

航空工业光电所的“龙之眼”330 系列光电吊舱为该所非航空民用方面的典型产品,它采用两轴四框架结构,配置高性能机载陀螺稳定系统,内部集成一台制冷红外热像仪和一台高清可见光传感器以及定位定姿系统(POS 系统)。“龙之眼”可探测识别地面、海面、岛礁及空中各类目标,应用于执法取证、城市或水域巡逻、海洋搜救、跟踪和监视等领域。

随着民用无人机技术的发展,工业级无人机广泛地应用于地图测绘、灾害搜救、电力巡线等领域,光电吊舱作为无人机上的主要有效载重得到越来越多的关注。产品广泛应用于航拍、侦察、电力巡检、森林防火、石油管道巡线等领域。其中，在电力巡线领域，传统载人飞机巡线经济成本约为 6 万元/百千米，无人机搭载光电吊舱巡线的经济成本约为 3 万元/百千米，光电吊舱在电力巡线领域的应用能有效降低电力部门巡检的成本。光电吊舱市场将随着无人机、无人船市场的壮大而快速发展，在农业、林业、消防、服务业等各领域有着巨大的市场潜力。

3.2.4 光电吊舱发展趋势与关键技术

(1)开放式创新平台

全方位开放式结构，载重换装灵活化，终端用户可自定义搭载载重内容，更强调设备的灵活性。所有更新的传感器均可安装在平台内，用户可通过搭载不同的任务感应器，长期保持光电平台在各个应用领域内的技术领先地位。

全方位开放式的结构形式为光电吊舱未来的创新产业化发展提供了可能，可以由现在的封闭式组织生产转变为以吊舱为平台的多载体、多信息、多数据的开放式创业生态圈。开放平台未来的趋势是逐渐形成吊舱产业平台化、产品用户个性化、员工创客化的共创共赢创新生态链。

(2)轻量化材料应用

无人机系统是光电吊舱的主要应用环境，复合材料的应用对航空装备的发展有着重要意义。美国国防部在 2025 年国防材料发展预测中提到，只有复合材料能够将耐高温、高强度、高模量的指标在现有基础上同时提高 25%以上。根据统计，航空减重中有 70%是由航空材料技术进步贡献的。使用碳纤维增强树脂基复合材料的光电吊舱，在减轻飞机质量、减少燃油、减少维修成本和延长飞机使用寿命上有明显优势，复合材料将成为“无人机吊舱结构的未来”。随着未来碳纤复合材料的成本降低、加工工艺水平及精度提升，碳纤复合材料将成为国内光电吊舱的主要应用材料。

超轻镁锂合金具有低密度、高比强度、高比刚度，以及突出的减震性能和优异的电磁屏蔽性能等独特的优势，相比铝合金材质减重了 46%，是航空航天及武器装备上理想的减重材料，它还能减震降噪，屏蔽电磁干扰，是非常适合机载光电吊舱的材料，但是目前加工成本过高是未来急需解决的问题[73]。

(3)智能化产业发展

光电吊舱作为无人机系统的眼睛，人工智能将赋予吊舱智慧的大脑以辅助决策。以无人机、无人船、无人艇为依托，面向民用领域，大力发展民用光电吊舱智能化产业发展。在光电吊舱下一步产业化、全域化发展应用中，人工智能技术将成为影响其发展的颠覆性技术。

吊舱内的图像处理系统未来的发展趋势是开发更先进的图像处理及数据处理算法，完成地面与海面目标定位、人脸识别、车号识别、人流检测、人员行为检测等任务，通过与数据库预先学习的目标作比对，标示出可疑目标，从而达到智能辅助决策的效果[74]。

光电吊舱在完成常规巡查任务的同时，可以利用多传感器融合技术最大限度地搜集目标区域信息，随着人们对图像传感器性能的要求越来越高，高清、4K、8K 等图像存储所需要的空间越来越大，单纯的吊舱存储空间将远远不能满足未来大数据的时代要求，云为光电吊舱人工智能的深度学习提供了平台，智能吊舱系统反过来提升了云计算的"智商"，未来随着光电吊舱数据体量的增长，只有与人工智能和云平台更好地结合，才能更好地被用户使用，使光电吊舱真正变为无人系统不可或缺的智能设备[75]。

3.3 基于无人机搭载光电吊舱的海事监管技术分析

随着我国海上交通和旅游业的发展，从事水上工作的人员数量急剧增加，同时也可能导致海难事故遇难人数的急剧上升，因此海上搜救工作显得极为重要。我国目前海上搜救力量的投入主要侧重于装备的更新，海上搜救应急反应速度慢，在确定的搜救区域方面仍显不足。目前我国现有的预报系统中，关于漂流物轨迹预报以及数值预报的模型都已成型，数值的获取主要依靠浮标潜标等传统测量工具进行测量以及星载雷达遥感测量。传统测量工具只能得到点或面上海流数据，无法获得大面积实时信息，精度不够高；星载雷达遥感覆盖面积大，空间分辨率较高，但时间分辨率不足，数据率较低，难以实现连续实时海态观测。利用无人机开展海事搜救和巡航监管与船艇巡航搜救相比，从经济性、实用性、高效性方面具有不可比拟的优势。接下来具体就海事监管的两个具体业务进行技术分析。

3.3.1 落水人员的自动发现与预警

对于落水人员的发现与搜救，首先我们需要利用高频地波雷达对落水人员的漂移轨迹进行搜寻和预测，划定重点搜救区域，从岸基派出无人机，通过吊舱中的光电设备和通信设备将重点搜救区域的实时画面传输至基站，基站做出快速反应，制定相应的搜救方案，提高人员落水的救援效率。

国外将高频地波雷达用于流场信息探测领域，且已经达到业务化运行程度，如美国 CODAR 公司已为世界各国提供数百套地波雷达系统用于海洋环境的监测。国内目前也有地波雷达对于海流及波浪场的较为深入的探测研究，暂时仅应用于海上漂流物体的轨迹跟踪，结合海洋动力学及人体特征参数以进行海上漂流人员轨迹的预测的文献较少。

高频地波雷达的工作原理是当无线电波朝海面发射时，在海水表面会存在一种电磁波传播模式，称为地波（Ground Wave）。地波是一种表面波（Surface Wave），因此高频地波雷达也叫作高频表面波雷达（HF Surface Wave Radar）[76]。在中波和短波段海水表面的地波传播衰减很小，而且地波在一定程度上会沿着弯曲的地球表面传播，到达地平线以下很远的地方，即实现超视距传播。因此利用地波超视距传播特性进行探测的高频地波雷达也称为地波超视距雷达（Over-The-Horizon Radar），探测距离根据发射功率和频率的不同通常可达到 200～500 km。另外两种类型的超视距雷达分别是天波超视距雷达和利用大气波导特征的微波雷达，前者通过电离层对高频无线电波的反射实现对数千公里外目标的探测，后者可以对一两百千米外的目标进行探测[77]。

高频地波雷达返回的实时海流海风数据经过数据库的分类和处理后，输出可用的海风海流速度大小和方向，进入系统后台。用户在系统前端网页上输入落水人员落水时间、位置、性别、是否穿戴救生衣等相关信息，后台自动开始计算，模拟出漂移人员的运动轨迹，并在前端海图上显示可视的搜救区域。

对于落水人员的自动发现和预警，我们需要知道落水人员的速度和方向，一般来说，漂流轨迹的影响因素有环境因素和人自身的影响。现在对落水人员的运动轨迹的影响因素进行分析：

(1)流对漂移位置的影响：随流漂移是物体受周围水流的影响而产生的漂移。为简化运动过程，假设流的速度变化时，人体的速度也随之变化。在无风的状态下，流的速度视作人的漂移速度。

(2)风对漂移位置的影响(图 3-2)：考虑到海面上漂移物体露出海面的部分是不规则的，不具有对称性。因此，物体在风的影响下，漂移速度除了下风方向外，还会有一个偏风的分量。

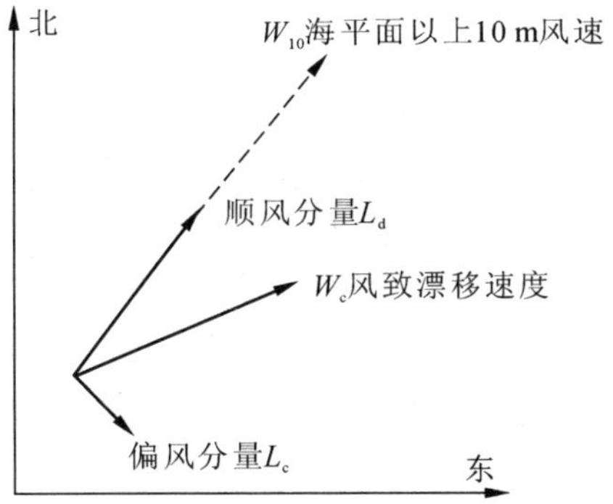

图 3-2 风对漂移位置影响

研究表明，海平面以上 10 m 风的速度与物体的风致漂移速度基本是线性的。即对于下风分量 L_d 和偏风分量 L_c，满足：

$$L_d = \alpha_d W_{10d}$$

$$L_c = \alpha_c W_{10c}$$

其中，W_{10d}和 W_{10c}为海平面以上 10m 处风速在下风方向和偏风方向的分量，α_d 和 α_c 分别是下风方向和偏风方向的风导因子，其取值具有经验性，一般为 0.01～0.05，可以通过拟合实验数据得到，一般与漂移物体的类型有关。查阅相关资料可知道，取 $\alpha_d = 0.017$，$\alpha_c = 0.0136$。

(3)浪等其他因素对漂移位置的影响

落水人员的性别与是否穿戴了救生衣都会影响其浸没的比例，而风致漂流速度与人体浸没比例有关(图 3-3)。

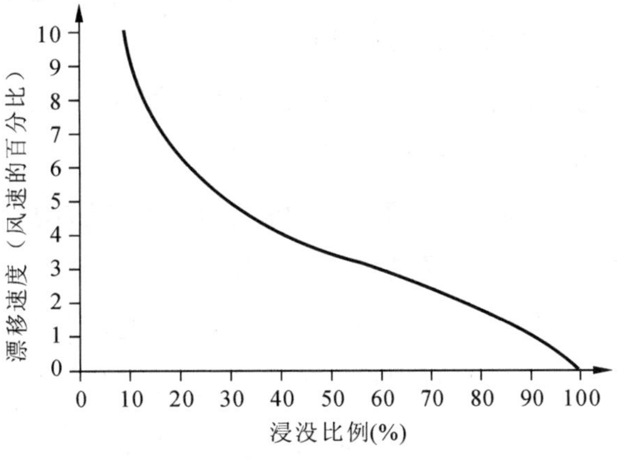

图 3-3 漂移速度与人体浸没比例

根据浮力定律：

$$\rho_s g v_s = \rho_p g v_p$$

其中 ρ_s、ρ_p 分别为海水和人体的密度，v_s、v_p 分别为人体的浸没体积和人体的体积。用户在系统的输入界面输入落水人员的性别、身高、体重、是否穿戴救生衣等信息，系统将自动对人体的浸没比例进行计算，从而实现对落水人员的位置预测，使无人机重点搜寻预测区域，提高搜救效率。

3.3.2 基于 CCTV 的异常船舶自动发现及预警

海事监管系统中，VTS 是进行船舶定位和管理的基本工具，有些船舶在夜间从事非法活动时，往往故意关闭 VTS 系统，造成监管空白，取证困难。比如夜间船只走私，关闭 VTS，进港卸货后返回原位置，VTS 无法记录其行动轨迹。在这种情况下，只能依靠其他工具来实现监管。

CCTV 系统是一个很好的补充工具，查看 CCTV 系统的记录，对比电子海图，能够发现是否有船只在关闭 VTS 的情况进入到某个摄像头监控的区域[78]。但是，CCTV 系统往往有数量众多的摄像头，人工监视效率低，也容易出现差错。在此开发基于视频监控的异常船舶自动发现及预警系统，在发现异常船舶时自动报警，没有异常时不需要人工干预。

系统首先要确定背景画面，在一定间隔范围（如半小时），如果画面只有局部微小的像素值有差异，取加权平均值为基准图像（越靠近计算时刻的权值越高），该基准图像为系统的背景画面。

接下来，用拍摄到的每一帧减去背景画面，如果在局部有较大的颜色与纹路差异，则可能有船只进入摄像头监控区域。

然后查询电子海图，如果在那个时间点对应的经纬度上没有船只信息，则很可能存在关闭了 VTS 的异常船只，触发报警。

考虑到不同时间、天气状况下光照会发生变化，需要在一定的时间间隔内调整一次基准画面，在调整时，越接近计算时刻的帧设置更大的权值。

抽取帧跟基准画面的对比阈值需要考虑画面整体阈值的变化，可以用基准画面与其前面所有参与计算的帧计算评价像素差值，取最大的为参考阈值。

船舶号的自动识别目前还存在很大的技术难度，以后逐步实现，目前的处理方式为预警后工作人员人工识别。

夜间及能见度不高时，考虑装备红外等其他设备，成像照片处理方式类似。

3.4 无人机搭载光电吊舱实验

为了检验无人机搭载光电吊舱在应急搜救中的表现和优势，在曹妃甸附近海域模拟水上交通事故，模拟水上交通事故事发地点区域如图 3-4 所示：

图 3-4 曹妃甸附近海域模拟水上交通事故海域

针对此次行动，设计三个搜救任务：任务一，规定时间内达到指定海域；任务二，规定时间内搜寻到落水人员；任务三，在落水人员附近定点救助并传送数据至应急搜救中心。无人机搭载多功能吊舱和远洋通信设备，在事发后第一时间从曹妃甸海事局应急指挥中心出发，在规定时间内完成计划任务并返回。无人机在 30 min 内达到指定海域，完成任务一；同时按照剪草机模式搜寻给定海域，找出该海域提前投放的模拟落水人员模型，完成任务二；向应急搜救中心发送测试数据，完成任务三。

4 吊舱内相关设备选型

4.1 引言

针对不同的海事巡航和救援任务，在第3章中给出了对应吊舱中建议搭载的相关设备，吊舱搭载的相关设备可以使无人机关于常态化巡航和救援的能力更加全面。吊舱搭载的设备主要包括高清摄像机、红外摄像机、合成孔径雷达、激光雷达、通信中继设备、救生设备等。本章将重点对吊舱中的相关设备做出选型分析。

4.2 摄像机相关设备

4.2.1 高清摄像机

在吊舱相关设备的选型中主要推荐了高清摄像机和红外摄像机两种类型摄像机的相关型号。针对不同的海事任务我们主要推荐的高清摄像头种类有SCA系列高清摄像机（参数见表4-1）、普宙GDU系列变焦高清摄像机、P系列高精度重型可见光摄像机等。高清摄像机相比传统摄像机有以下优点：

（1）图像清晰　高清摄像机采用500万像素的逐行扫描CMOS图像传感器，清晰度可达720p（1280×720分辨率）/1080p（1920×1080分辨率）全实时广播级图像画质，清晰度远远高于传统意义上的CCD模拟摄像机，真正实现了高清监控的目标。

（2）系统的环境适应性强　系统具有自适应的智能调节模式，会根据不同光线环境自动调节摄像机的光圈、增益、降噪等参数，能够始终保持最完美的画面效果。由于系统实现了监控从采集到存储的全数字化，因此，对于传统意义上所存在的摄像机，受到光线变化影响直接影响画质的现象将不会存在。同时对于线路传输中普遍存在的视频信号干扰等也将彻底消失。

（3）系统寿命长　由于系统采用了CMOS图像传感器，因此，摄像机功耗、发热量低。稳定性也远远高于传统的模拟摄像机。

表 4-1 SCA200-Ⅱ可见光单光摄像机参数表

SCA200-Ⅱ可见光单光摄像机				
探测器	镜头	质量	尺寸	视屏分辨率
CMOS2.8in	30 倍光学变焦	<1 kg	123 mm×200 mm	1080 p

吊舱的荷载能力是选择摄像机的主要标准，对于无人机系统而言，各个组件之间的特性促成了彼此的选择标准，吊舱的荷载能力要求大于高清摄像机自重。为了提高吊舱空间利用效率，尽可能地选择轻量化的高清摄像机。

合理地选择一台无人机吊舱中搭载的高清摄像机可以达到数台普通摄像机的监控效果，其监控覆盖面也更广更宽，且图像分辨率更高、信息量更丰富，因此采用高清摄像机可以非常有效地缩减系统规模，避免繁复的视频图像、控制和供电传输线路。此外，还可大大减少前后端设备配置，从而减少总体建设成本。

4.2.2 红外摄像机

1. 红外摄像机成像原理

光是一种电磁波，其中可见光是波长 380～780 nm 的部分，红外线是波长0.78～1000 μm的部分。红外灯照到物体表面反射回来的红外光线，也能进行光电变换生成光电荷，黑白 CCD 图像传感器可以感知这些光电荷而生成黑白图像，但是普通的彩色 CCD 图像传感器无法有效收集这些光电荷成像。为此，索尼公司在 1998 年新发明了一款名为“Exview Had CCD”的彩色 CCD 图像传感器，可以感受周围景物和环境反射回来的红外光而生成图像。采用“Exview Had CCD”芯片制作的摄像机叫作超感摄像机，它在可见光环境下工作于彩色模式，照度 0.05 LUX；在黑暗的环境下配备红外照明可拍摄清晰的黑白图像，照度达 0.003～0.001 LUX。可见，主动红外摄像机是使用了红外光补光的黑白或者超感摄像机，本质上仍然属于光成像设备。

自然界的任何物质，只要温度在绝对零度(－273 ℃)以上，都可以发出红外线。被动红外摄像机就是对目标自身发出的红热线进行探测并且根据红外辐射的分布生成图像的设备。由于目标辐射的红外线与其温度关系密切，所以被动红外摄像机又称为热成像仪或热成像摄像机。近红外线的大部分电磁波会被大气、烟云吸收，但是 8～14 μm 的红外线却是例外，这些波段被称为红外线的“大气窗口”。红外摄像机就工作在“大气窗口”波段，所以它天生具有穿透烟雾的能力，即使在完全无光的夜晚或者烟云密布的场所，也能够清晰成像。由于“大气窗口”与红光的波段相距甚远，所以不会产生“红暴”现象。而且，由于它无需额外照明，完全根据目标自身发出的红外线工作，所以不会对环境造成任何不良影响。被动红外摄像机由红外镜头、红外探测器和信号处理电路等部件组成[79]。探测器测定目标和背景之间的红外线差，从而感知其温度差异，并且把红外数据转换成电信号，最终生成红外图像。

2. 机载红外摄像机发展现状及业务选型要求

红外摄像机其实就是将监控摄像机、护罩、滤光片切换器、红外灯、供电散热单元等综合成一体的监控设备[80]。由 LED 发出红外线，利用 CCD 或 CMOS 可以感受红外光的光谱特性，配合红外灯作为“照明源”来夜视成像。市场上以发射波长 850 nm 的红外 LED 为主，这个波长的红外灯红爆较小，照射距离较远。作为监控前端设备，红外摄像机的发展也绕不开安防监控的永恒主题：网络化、高清化、智能化。而除了这三大趋势之外，针对红外摄像机还在如下三个方面有发展：随着光电、微电子、微计算机及数字视频技术的发展，安防产业已由传统的简单模拟式走向高度集成的小型化、数字化，而红外阵列也必将实现一体化和高度集成化。传感器受益于红外感应灵敏度的提升以及 NIR 红外增强技术的发展，对黑白画质下的细节进一步提升，噪点更少，细节更丰富，层次感更强。激光夜视技术是实现远距离的夜视监控的途径之一，因为激光具有亮度高、相干性好、单色性好、方向性好、寿命长和对其波长的感应程度大于 LED 的特性，决定了激光可以照射更远的距离，而且光强度也比常规光源要强得多。

而面向海事监管业务而言，对无人机搭载红外摄像机做出以下要求：

(1)防水防雾效果理想

一般红外摄像机都采用密封设计，防护等级达到 IP66。但是红外灯开始工作时会产生大量的热量，同时由于部分外壳的散热效果不够和机器本身的密封性不好，造成机器在使用一段时间之后，里面或多或少会出现汽水(此现象主要集中在北方地区)，影响监控效果。在此对所选红外摄像机有较为理想的防水防雾效果。对此，有的厂家采用透气设计，增加透气阀，便于和外部温度交换，有的厂家采用充氮技术，确保机器内部为惰性气体，以确保没有水汽。

(2)夜视效果理想

不少船舶抱有侥幸心理,认为船舶的非法排污行为可以游离于海事监管之外,将排污地点选择在航行途中且多数在夜晚排放,因此海事监管对红外摄像机的夜视效果提出较高要求。此现象主要原因是手电筒的效果或者是距离不够等。该问题主要是红外灯的角度和功能所造成的,红外摄像机所使用的红外灯峰值波长在 850 nm,角度可以从 5°~60°选择,当红外发射管角度越小时照射距离越远,聚光的效果就越明显;反之,角度越大就没有聚光的效果,照射距离较近。

3. 尽量减少临界点的反复跳变

出现该状况的主要原因在于部分配置了 IRCUT 双滤光片或双峰滤光片的摄像机。结合复杂的海上状况,在某些复杂天气导致的特定光源下不能稳定地工作,造成临界点的反复跳变。同时多数厂家都是使用简单的如光敏电阻感应器等方式去控制 IRCUT 双峰滤光片的工作状态,其临界点的反复跳变就不能尽如人意了。这部分彻底的解决办法是光敏联动内部传感器通过采用智能芯片来控制,其模糊逻辑能力能有效控制 IRCUT 双滤光片的工作状态,以应用于无人机的海事巡航中。

4. 散热效果理想

影响红外灯寿命最重要的因素就是温度,由于配置了发热量较大的红外灯,红外灯在启动后,整个工作时间段内(以 12 h 计)在红外摄像机前部会有热量集中,会影响摄像机等其他部件的正常工作。例如 50 颗 ϕ5 mm 的红外灯板长时间运行,LED 板上的温度几乎可以达到 90 ℃左右。由于红外发光 LED 的辐射功率是和电流成正比的,然而电流越大温度越高。照射效果虽然提高了,但是机器本身由于 LED 过热会受到很大的伤害。红外摄像机搭载于吊舱之中,若散热效果不够理想,可能带来较为严重的无人机事故。

4.3 合成孔径雷达

4.3.1 合成孔径雷达成像原理及发展现状

合成孔径雷达(Synthetic Aperture Radar,SAR)又称为综合孔径雷达,是利用雷达与目标的相对运动把尺寸较小的真实天线孔径用数据处理方法合成较大的等效天线孔径的雷达。合成孔径雷达工作时按一定的重复频率发、收脉冲,真实天线依次占虚构线阵天线单元位置[81]。把这些单元天线接收信号的振幅与相对发射信号的相位叠加起来,便合成一个等效合成孔径天线的接收信号。若直接把各单元信号矢量相加,则得到非聚焦合成孔径天线信号。在信号相加之前进行相位校正,使各单元信号同相相加,得到聚焦合成孔径天线信号。地物的反射波由合成线阵天线接收,与发射载波做相干解调,并按不同距离单元记录在照片上,然后用相干光照射照片便聚焦成像。这一过程与全息照相相似,差别只是合成线阵天线是一维的,合成孔径雷达只在方位上与全息照相相似,故合成孔径雷达又可称为准微波全息设备。当雷达沿轨道飞行时,被成像的地面目标与雷达间存在相对运动,因而被地面反射回来的雷达脉冲频率产生漂移,这就是美国人 Carl Wiley 发现的多普勒频移(Doppler frequency shift)现象[82]。合成孔径雷达正是利用这一物理现象来改善雷达成像的方位向分辨率的。合成孔径雷达成像原理如图 4-1 所示。

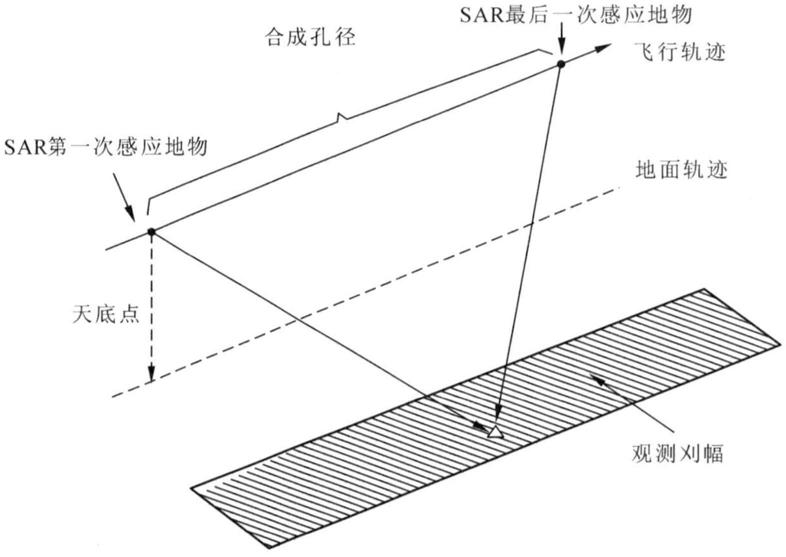

图 4-1　合成孔径雷达(SAR)的成像原理示意图

合成孔径雷达按照波束工作方式可以分为三种:条带式、聚束式和扫描式,如图 4-2 所示。在条带式合成孔径雷达中,波束是固定的,适合于大面积的测绘。这种成像方式相对简单,易于实现,目前得到了广泛的使用。在聚束式合成孔径雷达中,波束在合成孔径积累时间内始终指向成像场景,可以获得很长的合成孔径,因此能得到很高的方位向分辨率,这种模式特别适合在高分辨率的小场景时使用。扫描式合成孔径雷达是条带式合成孔径雷达和聚束式合成孔径雷达的结合,其波束既能够进行方位向的扫描,完成大场景和宽测绘带成像,又能够长时间在某一场景驻留。根据雷达搭载平台的不同,合成孔径雷达又可以分为机载雷达和星载雷达,星载雷达相比机载雷达具有更高的高度和更快的速度,可以在很短的时间内获得更大地域面积的图像信息;而机载雷达具有更高的机动性和针对性。

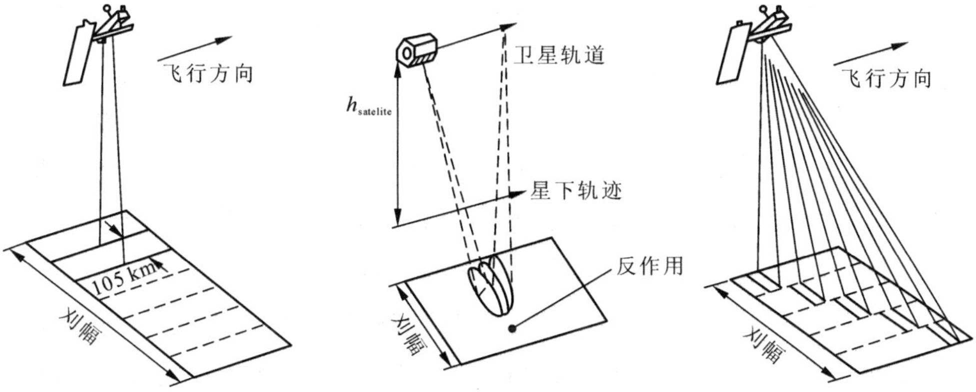

图 4-2 条带式(左)、聚束式(中)、扫描式(右)SAR 工作示意图

合成孔径的概念始于 20 世纪 50 年代初期。当时,美国有些科学家想突破经典分辨力的限制,提出了一些新的设想:利用目标与雷达的相对运动所产生的多普勒频移现象来提高分辨力;用线阵天线概念证明运动着的小天线可获得高分辨力。20 世纪 50 年代末,美国研制成第一批可供军事侦察用的机载高分辨力合成孔径雷达。20 世纪 60 年代中期,随着遥感技术的发展,军用合成孔径雷达技术推广到民用方面,成为环境遥感的有力工具。70 年代后期,卫星载合成孔径雷达和数字成像技术取得进展。美国于 1978 年发射的"海洋卫星"A 号和 20 世纪 80 年代初发射的航天飞机都试验了合成孔径雷达的效果,证明了雷达图像的优越性。合成孔径雷达主要用于航空测量、航空遥感、卫星海洋观测、航天侦察、图像匹配制导等,它能发现隐蔽和伪装的目标,具有很大应用空间。

当前主流的 SAR 系统见表 4-2。

表 4-2 主流 SAR 系统

系统	发射时间	波段	极化	图幅宽度(km)	分辨力(m)	重复周期
TerraSAR-X	2007 年	X	Full	5—10—30—100	1—3—16	11
Tandem-X	2010 年					
Cosmo-skymed-1、2、3、4	2007 年	X	Full	10—30—200	1—3—15	1—16
RADASAT-2	2007 年	C	Full	10—500	3—100	1—24
ALOS-PALSAR2	2014 年	L	Full	25/35/60/70/350	1/3/6/10 /100	14
"哨兵"-1A Sentinel-1A	2014 年	C	Full	20/80/100/250/400	5/20/40	12

综合现在的研究方向和实际运用，总结合成孔径雷达的发展方向为，朝着多参数合成孔径雷达、干涉式合成孔径雷达研制的趋势，以及发展动目标检测与动目标成像技术、小型化技术、星座对地观测技术、实时信号处理及先进的成像技术的方向。其中，多参数合成孔径雷达系统的多参数包括多极化、多频段及多视角等内容，当合成孔径雷达系统发射不同波段、不同极化的电磁波且电磁波以不同入射角照射地物时，合成孔径雷达系统会接收到不同的地物微波散射信息。同时，不同的极化方式能被探测的地物具有不同的电磁响应，即具有不同的后向散射特性，地物层次变化也不相同，多极化方式可以显著改善信号和图像的详细性和可靠性；干涉式合成孔径雷达技术是在合成孔径雷达的基础上发展起来的一种新技术。普通的合成孔径雷达很大的一个缺点就是对地球表面的三维目标智能产生二维的雷达图像，而干涉式的合成孔径雷达就可实现地形（高程）测绘，这种模式的雷达成为新的科研热点。

4.3.2 基于海事业务的合成孔径雷达选型要求

合成孔径雷达的具体选型标准应结合实际海事业务需求及 SAR 发展现状，现对合成孔径雷达的选型做出以下具体要求：

（1）轻小型化天伺馈技术

针对在无人机姿态发生变化时，根据 SAR 雷达成像要求，需保持天线指向稳定，不仅要求波束中心稳定，而且要求波束形状稳定，且无人机在方位、俯仰和横滚方向独立运动，因此，必须采用三自由度雷达天线转台，实现天线稳定。三轴天线稳定平台的结构形式采用框架结构：外层为横滚框架，中间为俯仰转动机构，内层为方位转动机构。俯仰框架带动方位一起转动，横滚框架带动俯仰框、方位平面转动，天线安装在最内层，天线面几何中心位于方位轴和俯仰轴的交点上。在天线指向稳定系统设计过程中，考虑实现雷达轻小型化，应将指向控制和稳定功能合二为一，采用闭环伺服系统实现三自由度控制，每套伺服系统都是角度复现随动系统。由于天线指向的方位、俯仰指令，以及测量结果分别在地理坐标和载机坐标系，因此，需将指令从地理坐标变换到载机坐标完成控制，天线横滚不需指令，可直接用来补偿俯仰扰动。方位、俯仰角测量结果应通过坐标反变换转换成地理坐标系。角度测量采用旋转变压器和轴角数字转换实现，以提供理想的精度和分辨率。伺服控制采用位置环和速度环，为了满足系统的稳定性和动态品质，环路内应设置数字校正环路实现速度校正和位置校正，以得到较好的幅频特性和相频特性。

(2)对无人机 SAR 图像处理能力较强

影响 SAR 性能的至关重要的是先进的机载数字信号处理技术。有了机载处理能力，当机载处理能力与先进的数据链和卫星通信结合在一起时，曹妃甸海事局相关管理人员可以及时地获取海事信息，指挥人员就可以灵活地将无人机分派到海事事故或监管区域，由这些飞机来处理它所侦察地区的图像，然后，通过卫星将处理过的世界任何地区的图像发送回指挥人员处。SAR 图像会因为载机平台不稳定，信号传播效应、地形高度和处理器产生的误差等原因导致斜距非线性、地形位移、方位扭曲、行程中断及阴影之类的几何失真，因此必须进行几何校正。对无人机成像系统，几何误差主要由地形位移引起，可以采用数字高程模型 DEM 提供的信息，自动完成几何校正。同时，为了得到高质量的图像，还需进行辐射校正，以消除雷达天线增益和地物目标在雷达坐标中的斜距对雷达映像的影响，从而得到只反映地物的散射特性。为了提高图像的解译力，消除平台运动、相对运动，以及信号传输中的噪声污染，还需采用图像增强技术。为了最大限度地发挥 SAR 的优势，雷达越来越多地作为多传感器系统的一个组成部分与其他传感器配合使用。

4.4 微波雷达

4.4.1 微波雷达成像原理及发展现状

微波属于电磁波，其速度等于光速，即 3×10^8 m/s(真空中)。不同于超声波(属于机械波)，可忽略温度的影响，微波很少受气象环境影响且制作的传感器方向性和传输特性良好。微波的波长很短，一般为 1～1000 mm，因此很容易被物体反射。雷达是微波最早的应用之一，微波雷达的工作基于多普勒原理，微波信号遇到移动物体反射后会产生多普勒效应，根据发出和接收的电磁波信息，得到前方预测物体的距离和速度信息，经反射后的微波信号与发射波信号的频率会产生微小的偏移，此时可认为是报警产生[83]。实际使用时探测器的灵敏度不宜过高，过高会导致误报增多，一般调节至 2/3 较为合适。微波雷达探测器对警戒区域内活动目标的探测范围是一个立体防范空间，范围比较大，可以覆盖 60°～90°的水平辐射角，控制面积可达几十到几百平方米。

微波雷达以微波为载波，经调制由主台发射、副台接收并转发回来，测定调制波的相位差，确定两点间距离。微波雷达根据雷达发射的信号种类可以被分为干涉雷达、脉冲超宽带雷达、调频连续波雷达、步进频率连续波雷达四种。利用微波特性可用来检测某些物理量，如物体的存在、运动速度、距离、浓度等信息。由于微波测距具有测量精度高、反应速度快、定向性好、非接触的优点，其应用领域十分广泛，除了测距以外，还可延伸应用于测速、防撞、定位、地形测量等方面。

微波雷达工作原理大致如下：由微波发射器定向发出微波信号，遇到被测物体时，微波信号部分被检测物体吸收，部分则被反射。利用接收天线接收被测物反射回来的微波信号，检测其电磁参数，再由测量电路处理，就实现了微波检测。而微波测距就是将微波发射器和微波接收器架设在相距为 d 的位置，当发射器发出移动功率的微波信号，该微波信号到接收器将有一部分功率损耗，微波接收天线接收到的微波功率大小即可换算出待测面和微波发射器的距离 h，从而实现了微波测距。

海事监管范围广，船舶数量众多，港口交通流密度大，因此海上作业环境比较复杂，且受天气海况影响较大。笔者在考虑了海事监管的需求和特性的情况下，总结出以下几点微波雷达应用于海事监管领域的优势：

(1)微波可屏蔽尘埃、烟雾和蒸汽对其测量精度的影响，具有良好的传输信息的特性；

(2)波长较短的微波遇到前方障碍物易反射，尤其是金属物品，而且可以穿透玻璃、塑胶和薄板等非金属物体，比其他传感器角度广；

(3)微波速度传播快，传感器灵敏度高，响应度高，感应范围广；

(4)传感器不易受温度、噪声、天气、湿度的影响，可适应恶劣的工作环境，可靠性强；

(5)在空气中的损耗比超声波低，适用于远距离测距；

(6)微波具有多普勒效应，对活动物体(比如运动中的船舶)的监测效果较好。

本项目中讨论的设备最终需要搭载在无人机上实现其功能，因此除了要考虑设备与海事监管领域的适用性，还需要考虑设备是否适宜于无人机。与传统的车用雷达等搭载方式相比，无人机应用雷达需要满足以下特点：

(1)小型化、轻量化、低功耗，适应无人机的载重条件；

(2)产品有标准版、专业版等,不同特性满足不同使用条件的需求;

(3)能快速定制,可与无人机一体化设计;

(4)测量距离远,测量面广,测量精度高,在无人机飞行到一定高度时仍能保证得到精确测量结果。

目前市面上有很多无人机载微波雷达,覆盖了安防、测距、测速、防撞等不同的使用特性。例如,JSR-VF 无人机微波雷达是北京聚速微波技术有限公司研发的一款采用 FMCW 调频模式的微型雷达,具有较高的分辨率,可实时为无人机提供周围环境多个目标的有效信息,可实现无人机的避障预警,并满足多种场景的使用。其技术参数如表 4-3 所示。

表 4-3 JSR-VF 无人机微波雷达技术参数

微波指标	工作频率	(24.00～24.60) GHz
	波束宽度(方位)	100°
	波束宽度(俯仰)	28°
检测指标	作用距离	(0.1～100) m
	距离精度	±0.1 m
	距离分辨率	0.25 m
	速度范围	±100 m/s
	速度分辨率	2 m/s
硬件指标	工作温度范围	－40～＋85 ℃
	全天候工作	全天候不间断工作,不受大雾等恶劣天气影响
	电源	5 V DC
	功耗	0.5 W
	通信接口	TTL UART
	通信速率	9600～115200 bps
	刷新周期	20 ms

4.4.2 基于海事业务的微波雷达选型要求

(1)实时高分辨率雷达成像

随着船舶交通流量和危险品船吨位的增加,海事监管对成像分辨率和实时性要求不断提升,这就对雷达收发机提出了挑战。一方面,由于雷达距离分辨率与信号带宽之间成反比关系,高分辨成像所需的厘米级或亚厘米级分辨率需要雷达系统产生带宽达数吉赫兹甚至数十吉赫兹的微波毫米波信号，且所产生的宽带信号需要具有相参性；另一方面，为提升雷达成像的实时性，并减轻后端数字信号处理系统的压力，雷达收发机需要实现对大带宽微波信号的模拟实时处理。此外，为了提升雷达成像的方位向/角向分辨率，多输入多输出(MIMO)技术已被引入雷达成像系统中，如图 4-3 所示，这表明多路正交宽带信号的产生与处理需要在多个通道并行完成[84]。因此，微波雷达需要具备多通道、大带宽收发机，以适应实时高分辨微波毫米波成像的发展需求。

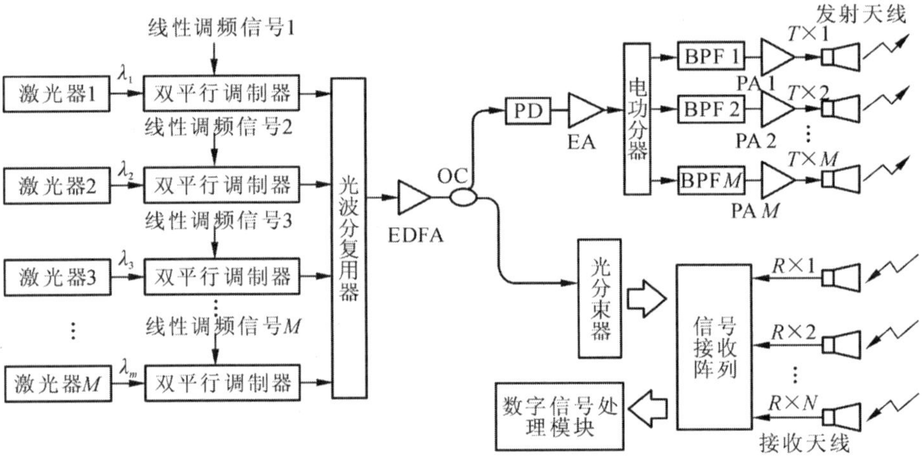

图 4-3　MIMO 微波光子雷达成像示意图

(2)良好的环境适应性

采用电路-结构一体化设计，在保证电气特性的同时，还需要保证结构满足海洋环境的要求。微波雷达用于夜间和雾中有着较大的优势，但由于微波雷达是通过发射和接收电磁波来测向和测距从而实现定位、防撞等，其发挥效果势必受到环境影响。这种影响主要是指受大气衰减、大气折射和雨雪、海浪等杂波干扰的影响。因此，微波雷达的结构需要具有足够的刚性、密封性、环境适应性，具体需要考虑的包括温度、湿度、抗风、抗盐雾、抗振动能力等。

(3)测量数据可靠性

为保证微波雷达测量的数据在外界环境温度变化的情况下仍可靠有效，微波雷达发射源使用混合微波集成电路振荡器，而不用国外产品常用的 GUNN 振荡器，可以避免 GUNN 振荡器可能出现的振荡频率跳模现象，这种频率跳变现象对起振时的环境温度和电源变化特别敏感。GUNN 的振荡模式跳变常常具有不规则性,并会造成雷达测量的数据完全不可用,使用混合微波集成电路振荡器可以消除跳模现象,保证雷达测量数据的可靠性。

4.5　激光雷达

4.5.1　激光雷达成像原理及发展现状

激光雷达(Light Detection and Ranging)是以发射激光束探测目标的位置、速度等特征量的雷达系统。从工作原理上讲,激光雷达与微波雷达没有根本的区别:向目标发射探测信号(激光束),然后将接收到的从目标反射回来的信号(目标回波)与发射信号进行比较,作适当处理后,就可获得目标的有关信息,如目标距离、方位、高度、速度、姿态,甚至形状等参数,从而对对象进行探测、跟踪和识别[85]。

激光雷达用激光器作为发射光源,采用光电探测技术手段的主动遥感设备。激光雷达是激光技术与现代光电探测技术结合的先进探测方式。由发射系统、接收系统 、信息处理等部分组成。发射系统是由各种形式的激光器,如二氧化碳激光器、掺钕钇铝石榴石激光器、半导体激光器、波长可调谐的固体激光器及光学扩束单元等组成;接收系统采用望远镜和各种形式的光电探测器,如光电倍增管、半导体光电二极管、雪崩光电二极管、红外和可见光多元探测器件等组合。激光雷达采用脉冲或连续波两种工作方式,探测方法按照探测的原理不同可以分为米散射、瑞利散射、拉曼散射、布里渊散射、荧光、多普勒等激光雷达。激光雷达技术是新兴的测绘技术,未来仍有很大的发展潜力。机载激光雷达技术会朝着获取多源数据、处理多源数据、生产多样数据产品方向发展,主要体现在硬件系统和软件系统两大方面。

硬件方面,当前的机载激光雷达系统的硬件设备型号多样,不同厂商提供了丰富多样的激光雷达硬件系统。激光雷达系统的软件发展主要体现在数据获取方面。为满足生产实际的需求,机载激光雷达硬件系统需要往多平台、多型号、多传感器、多波束的方向发展。软件方面,当前的机载激光雷达系统的处理软件也比较多,但相对于硬件系统而言是落后的。机载激光雷达系统的软件主要用于处理激光雷达数据,并生产多类型的数据产品。

激光雷达作为一种新兴的探测技术,和其他探测技术手段相比主要优势体现在以下几点:

(1)机载激光雷达技术是一种主动式测绘地表空间信息的技术手段。测绘探测技术手段总体来说可以分为两大类:主动式和被动式。被动式测绘探测技术获取的信息来自于目标反射的电磁波信息(如太阳光)或者目标自身辐射的电磁波信息,此类型的测量技术手段受天气、光照等自然条件的影响和制约。机载激光雷达技术属于主动式探测手段,通过主动发射激光脉冲,获取探测目标反射回来的信号并处理得到地表目标的空间信息。因此,机载激光雷达技术有不受天气、光照等条件制约的优势。例如在汶川地震后,机载激光雷达技术就在恶劣复杂的环境中获取了高精度的地面空间信息。

(2)机载激光雷达技术获取空间信息的速度快,效率高,作业安全。机载激光雷达技术通过飞行器的飞行和激光脉冲的扫描完成探测工作,能在短时间内获取大区域、大范围的地表空间信息,工作效率较高。

(3)机载激光雷达技术获取的数据精度较高。探测技术获取的数据的精度,是评价该技术的重要方面和指标。机载激光雷达技术能快速获取大范围区域的地面目标的空间坐标,获取的坐标具有较高的精度,保证了数据的可用性。

4.5.2　基于海事业务的激光雷达选型要求

激光雷达的具体选型标准应结合实际海事业务需求及SAR发展现状,现对激光雷达的选型做出以下具体要求:

(1)要求所选激光雷达采集到有针对性的船舶数据

虽然激光雷达技术能够获取大量的采样数据,但其数据采集具有一定的盲目性,发射的激光点束不一定会打在关键的定位点上。要求所选激光雷达能够准确选择定位点。如果定位点打到飞鸟上,会造成点云数据偏差,因此在使用点云数据前,必须要进行粗差的探测与剔除。

(2)要求所选激光雷达机型有较强的兼容性

目前机载激光雷达产品比较单一,没有充分发挥雷达点云数据的优势,在海事应用中,经常需要专门设计对应产品类型、指标和流程,程序比较烦琐,且产品质量不稳定。机载激光雷达技术比较复杂,专业性强。机载激光雷达是一种集成的设备,包含诸多先进的技术设备,如果没有较强的兼容性,将无法合理操作。

5 面向海事监管的无人机与吊舱类型选取

5.1 引言

海事巡航作为海事管理的一项日常综合性活动方式和常规性监督手段，具有现场性、应急性、计划性、随机性等特点。无人机具有成本相对较低、无人员伤亡风险、机动性能好、使用方便等优势，应用于海事巡航可弥补传统巡航方式的不足。无人机在海事日常巡航业务中的应用主要体现在非法排污监测、航标巡检、船舶异常行为监控、特殊区域监控等方面。根据巡航任务的不同，无人机可以搭载不同的有效载荷，主要包括成像、数据传输、目标探测、光电、测距等类型。由于各个海事巡航业务的技术要求不尽相同，需要对无人机和吊舱的技术指标进行选型和分析，找出符合海事监管要求的无人机型号及相应的吊舱设备。

5.2 海事巡航任务无人机与吊舱选型方案

5.2.1 海事应急业务无人机及吊舱选型标准

无人机选型采用的选型标准有以下几个方面：

(1)总航程(巡航半径能覆盖曹妃甸辖区)；

(2)巡航速度；

(3)续航时间(达到航程的要求)；

(4)最大飞行高度(保证单位时间内获取的信息量)；

(5)适应环境的能力(抗风能力、起降方式)；

(6)最大任务载重(有效载荷)。

单一的无人机系统只能实现飞行任务，要想完成多任务的海事监管，需要在无人机上搭载吊舱满足任务要求。吊舱选型方面，考虑到针对不同型号的无人机设计专门的吊舱的不便，因此采用模块化吊舱结构，根据业务需求选择设备，通过快速拼接完成吊舱功能整合，实现一机多用。本项目对吊舱进行选型和分析时综合考虑了以下条件：

(1)无人机有效载荷条件；

(2)设备技术指标(有效指标)；

(3)工作环境(白天/夜间)；

(4)无人机飞行高度。

通过收集资料和分析对比，确定中小型固定翼无人机即可满足曹妃甸辖区的日常海事巡航业务需求，此外，在确定巡航范围较小的情况下可采用旋翼无人机。本项目根据作业范围远近，针对每一巡航业务推荐了供近程和远程使用两种无人机，以及相应的吊舱设备，技术参数如表 5-1 所示。实际使用时可根据实际情况选用所需设备进行组合。

表 5-1　海事巡航业务推荐无人机与吊舱设备选型及技术参数

巡航业务	无人机选型及技术参数	吊舱相关设备及参数
非法排污	星宇航空漫游者Ⅱ型无人机 · 质量：44 kg · 最大任务载重：20 kg · 续航时间：5.5 h · 最大飞行高度：3 km · 最大平飞速度：175 km/h · 抗风能力：5 级以下 · 起飞滑行距离(最大起飞质量时)：<300 m · 最大起飞质量：86.5 kg · 机载电源、飞行控制系统及数据链系统：1.5 kg · 经济巡航速度(最远航程速度)：120～130 km/h	SCA130 可见光单光摄像机参数 · 镜头：30 倍光学变焦 · 质量：<1 kg · 尺寸：123 mm×200 mm · 视屏分辨率：1080 p GC20 红外热像仪参数 · 质量：<130 g · 探测器类型：非制冷焦平面探测器 · 像素：640×480 · 尺寸：40 mm×40 mm×40 mm · 成像时间：<10 s
	TA168 多旋翼无人机(近程) · 最大起飞质量：9.1 kg · 最大任务载重：2 kg · 最大速度：90 km/h · 最大飞行高度：5 km · 续航时间：90 min(全电池)	HRC-P6200 激光夜视摄像机 · 像素：500 万 · 分辨率：1920×1080 · 焦距：8.1～310 mm · 光圈数：F1.5～F6 · 最低照度：彩色 0.002 L 黑白 0.0002Lux

续表 5-1

<table>
<tr><th>巡航业务</th><th>无人机选型及技术参数</th><th>吊舱相关设备及参数</th></tr>
<tr><td rowspan="4">交通状况和交通流评估</td><td rowspan="2">北方天途 SP-2 固定翼无人机
· 空机质量:16 kg
· 最大起飞质量:40 kg
· 续航时间:4 h
· 巡航速度:90 km/h
· 最大平飞速度:140 km/h
· 抗风能力:6 级
· 起飞方式:滑跑/弹射
· 飞行距离:200～800 km
· 最大爬升速度:18 km/h</td><td>普宙 GDU 无人机十倍变焦相机
· 质量:<440 g
· 镜头:10 倍光学变焦
· 最大像素:1676 万
· 有效像素:1635 万
· 稳像精度:≤ 0.05°</td></tr>
<tr><td>沈阳嘉志 MotoarSkyQ5 无人机倾斜摄影系统
· 质量:1.55 kg
· 相机倾斜角度:45°
· 总像素:大于一亿像素
· 单影响像素:5456×3632</td></tr>
<tr><td rowspan="2">SUMP2008 电动四轴八旋翼无人机(近程)
· 最大任务载重:5 kg
· 最大续航时间:50 min
· 最大飞行速度:37 km/h
· 抗风能力:≤6 级
· 最大起飞质量:18 kg
· 最高飞行高度:1000 m</td><td>超轻型无人机载激光雷达 miniVUX-1UAV
· 测距:200 m
· 质量:约 1.55 kg
· 测量精度:15 mm
· 扫描速度:100 线/秒
· 最大激光发射频率:100 kHz</td></tr>
<tr><td>RIEGL VUX-SYS 激光扫描系统
· 质量:19 kg
· 最大测距:550 m
· 最小测距:3 m
· 测距精度:10 mm</td></tr>
<tr><td>导航设施监管</td><td>航天海鹰 HW-210
· 载重:5 kg
· 起飞质量:22 kg
· 续航时间:12～16 h
· 巡航速度:80～120 km/h
· 最高高度:5000 m
· 抗风能力:6 级</td><td>普宙 GDU 无人机十倍变焦相机
· 质量:<440 g
· 镜头:10 倍光学变焦
· 最大像素:1676 万
· 有效像素:1635 万
· 稳像精度:≤ 0.05°</td></tr>
</table>

续表 5-1

<table>
<tr><th>巡航业务</th><th>无人机选型及技术参数</th><th>吊舱相关设备及参数</th></tr>
<tr><td rowspan="2">导航设施监管</td><td rowspan="2">龙雁 LY-3200(近程)
·起飞质量;35 kg
·续航时间:3～4 h
·巡航速度:90～120 km/h
·载重:5 kg
·抗风能力:7 级
·巡航半径:100 km
·起飞方式:滑跃起飞 & 垂直起飞
·载荷类型:单光/双光吊舱、相机</td><td>数字化激光测距仪 LD321-A40
·质量:2.9 kg
·测距:900 m
·测距精度:± 20 mm
·测量频率:100 kHz
·最小测距:2 m</td></tr>
<tr><td>GDU 普宙 GTIR800 红外相机
·质量:<440 g
·测量精度:≤0.05°
·分辨率:
红外:800×600@25 Hz
可见光:1280×720
·焦距:
红外:20 mm F1.2
可见光:3 mm F2.2</td></tr>
<tr><td rowspan="2">异常障碍区/养殖区</td><td>天津三爻航空 SG-003 固定翼无人机
·载重:6 kg
·起飞质量:15 kg
·续航时间:3～4.5 h
·飞行速度:100～130 km/h
·最高高度:3500 m</td><td rowspan="2">普宙 GDU 无人机 4K 定焦可见光相机
·质量:<720 g
·有效像素:1240 万
·等效焦距:24 mm
·稳像精度:≤ 0.01°
·4K@30fps 高清录像,1200 W 高清拍照
GDU 普宙 GTIR800 红外相机
·质量:<440 g
·测量精度:≤0.05°
·分辨率:
红外:800×600@25 Hz
可见光:1280×720
·焦距:
红外:20 mm F1.2
可见光:3 mm F2.2</td></tr>
<tr><td>DB-X4H 四旋翼混合动力无人机(近程)
·起飞质量;18.5 kg
·续航时间:3 h
·最大水平速度:44 km/h
·载重:5 kg
·最大航程:110 km</td></tr>
</table>

续表 5-1

巡航业务	无人机选型及技术参数	吊舱相关设备及参数
航行异常行为监控	珠海星宇 H-150 无人机 · 载重:20 kg · 起飞质量:105 kg · 续航时间:4 h · 最大平飞速度:170 km/h · 巡航速度:130 km/h · 飞行高度:3000 m · 抗风性能:6 级	GDU 普宙 GTZMHD30X 相机 · 质量:<720 g · 有效像素:1240 万 · 焦距:f,6～180 mm · 稳像精度:≤ 0.01° · 数字变焦:4 倍数字变焦
	BG-VT10 冰果倾转旋翼无人机(近程) · 起飞质量:9 kg · 续航时间:90 min · 作业飞行速度:80 km/h · 作业飞行高度:3 km · 抗风能力:5 级	北京富斯德 MiniSAR · 传感器质量:<3 kg · 最大测距:2.5 km · 实时成像分辨率:0.3 m · 条带扫描宽度:2 km
水上船舶信息管理	BG-V45 固定翼无人机 · 起飞质量:45 kg · 任务载重:10 kg · 续航时间:≥5 h · 最大作业飞行速度:140 km/h · 抗风能力:5 级 航景创新四旋翼无人机(FWX-410)(近程) · 最大起飞质量:12 kg · 最大任务载重:5 kg · 续航时间:60 min · 飞行高度:5000 m · 抗风能力:6 级 · 最大飞行速度:70 km/h	GDU 普宙 GTZMHD30X 相机 · 质量:<720 g · 有效像素:1240 万 · 焦距:f,6～180 mm · 稳像精度:≤ 0.01° · 数字变焦:4 倍数字变焦
		AS-300 多平台激光雷达系统 · 质量:2.9 kg · 测量范围:250 m · 定向精度:0.019° · 测距精度:15 mm
		北京富斯德 MiniSAR · 传感器质量:<3 kg · 最大测距:2.5 km · 实时成像分辨率:0.3 m · 条带扫描宽度:2 km

续表 5-1

巡航业务	无人机选型及技术参数	吊舱相关设备及参数
特殊区域监控	零度智控 ZT30V · 质量:25 kg · 最大任务载重:5 kg · 续航时间:5.5 h · 最大飞行高度:3 km · 最大平飞速度:90 km/h · 抗风能力:6 级以下均可正常飞行 · 翼展:3.4 m · 机长:2.1 m · 最大速度:130 km/h · 动力方式:油电混合 · 起降模式:垂直起降 EWZ-S8 Mini 2 八旋翼无人机(近程) · 最大载重:5.5 kg · 最大飞行高度:500 m · 最大起飞质量:10 kg · 抗风能力:6 级 · 起降方式:垂直起降 · 巡航速度:60 km/h	SCA200-Ⅱ可见光单光摄像机参数 · 探测器:CMOS2.8in · 镜头:30 倍光学变焦 · 质量:<1 kg · 尺寸:123 mm×200 mm · 视屏分辨率:1080p HRC FT-P 系列机载红外扫描仪参数 · 尺寸:57.4 mm×44.4 mm · 探测器类型:非制冷焦平面探测器 · 帧频:25 Hz · 工作高度:+4000 m · 工作波段:7.5～13.5 μm 北京富斯德 MiniSAR · 最大测距:2.5 km · 条带扫描宽度:2 km · 质量:<3 kg · 实时成像分辨率:0.3 m
船舶超载海事业务	中翔腾航 H180 型无人机技术参数 · 起飞质量:200 kg · 最大任务载重:50 kg · 续航时间:8 h · 最大飞行高度:5 km · 最大平飞速度:140 km/h · 抗风能力:9 级以下均可正常飞行 · 翼展:7.5 m · 机长:4.2 m · 滑跑起降距离:250～350 m · 发电机功率:50 hp · 起降模式:跑道自主起飞和降落	P 系列高精度查打型可见光摄像机参数 · 探测器:CMOS · 镜头:30 倍光学变焦 · 焦距:15～350 mm · 识别距离:>20 km · 视屏分辨率:1080×1920 HRC-TM640 热成像机芯参数 · 尺寸:38 mm×38 mm×21.8 mm · 功耗:<7.5 W · 质量:<50 g · 像素:384×288 · 工作波段:8～14 μm

续表 5-1

巡航业务	无人机选型及技术参数	吊舱相关设备及参数
船舶超载海事业务	翼飞天羽 F-260 固定翼无人机(近程) .最大起飞质量:17 kg .巡航速度:150 km/h .作业高度:300～1000 m .续航时间:3 h .最大抗风:6 级 .起飞方式:弹射/滑跑 .降落方式:伞降/滑降	AS-100 多平台激光雷达系统 · 激光等级:1 级 · 测量精度:3 cm · 质量:830 g · 扫描频率:5～20 Hz · 视场角:水平 360°,垂直 30°
船舶特征标志识别判断	零度智控 ZT30V · 质量:25 kg · 最大任务载重:5 kg · 续航时间:5.5 h · 最大飞行高度:3 km · 最大平飞速度:90 km/h · 抗风能力:6 级以下均可正常飞行 · 翼展:3.4 m · 机长:2.1 m · 最大速度:130 km/h · 动力方式:油电混合 · 起降模式:垂直起降	SCA200-Ⅱ可见光单光摄像机 · 探测器:CMOS2.8 in · 镜头:30 倍光学变焦 · 质量:<1 kg · 尺寸:123 mm×200 mm · 视屏分辨率:1080p HRC FT-P 系列机载红外扫描仪 · 尺寸:57.4 mm×44.4 mm · 探测器类型:非制冷焦平面探测器 · 帧频:25 Hz · 工作高度:+4000 m · 工作波段:7.5～13.5 μm
	天途 SP-09 北极鸥长航时电动手抛固定翼无人机(近程) · 空机质量:5.3 kg · 飞机载重:≤ 3 kg · 巡航速度:54～60 km/h · 适用高程:80～4000 m · 抗风能力:≤6 级	北京富斯德 MiniSAR · 最大测距:2.5 km · 条带扫描宽度:2 km · 质量:<3 kg · 实时成像分辨率:0.3 m

续表 5-1

<table>
<tr><th>巡航业务</th><th>无人机选型及技术参数</th><th>吊舱相关设备及参数</th></tr>
<tr><td rowspan="3">实时海事违章提醒/纠正语音</td><td rowspan="2">全能鹰固定翼无人机
· 起飞质量:21.3 kg
· 最大任务载重:10 kg
· 续航时间:5 h
· 最大飞行高度:5 km
· 最大平飞速度:115 km/h
· 抗风能力:5 级以下均可正常飞行
· 翼展:3.5 m
· 机长:1.99 m
· 机身高度:300 mm
· 巡航速度:100 km/h
· 电池质量:8.5 kg
· 起降模式:垂直起降
· 电机:500 kV
· 机翼面积:70 dm²</td><td>P 系列高精度查打型可见光摄像机参数
· 质量:<440 g
· 最大像素:1676 万
· 有效像素:1635 万
· 焦距:f,4.7～47 mm
· 稳像精度:≤ 0.05°</td></tr>
<tr><td>HRC-TM640 热成像机芯参数
· 尺寸:38 mm×38 mm×21.8 mm
· 功耗:<7.5 W
· 质量:<50 g
· 像素:384×288
· 工作波段:8～14 μm</td></tr>
<tr><td>天途航空 SP-7 双发、电动固定翼无人机(近程)
. 空机质量:2.6 kg
. 飞机载重:≤1 kg
. 巡航速度:≥54 km/h
. 抗风能力:5 级
. 动力配置:2 台 2814 电机</td><td>AS-100 多平台激光雷达系统
· 激光等级:1 级
· 测量精度:3 cm
· 质量:830 g
· 扫描频率:5～20 Hz
· 视场角:水平 360°,垂直 30°</td></tr>
<tr><td rowspan="2">违章调查取证系统(行为拍照)</td><td rowspan="2">星宇航空漫游者Ⅱ型无人机
· 质量:44 kg
· 最大任务载重:20 kg
· 续航时间:5.5 h
· 最大飞行高度:3 km
· 最大平飞速度:175 km/h
· 抗风能力:5 级以下
· 起飞滑行距离(最大起飞质量):<300 m
· 最大起飞质量:86.5 kg
· 机载电源、飞行控制系统及数据链系统等设备质量:1.5 kg
· 经济巡航速度(最远航程速度):120～130 km/h</td><td>SCA130 可见光单光摄像机参数
· 镜头:30 倍光学变焦
· 质量:<1 kg
· 尺寸:123 mm×200 mm
· 视屏分辨率:1080 p</td></tr>
<tr><td>GC20 红外热像仪参数
· 质量:<130 g
· 探测器类型:非制冷焦平面探测器
· 像素:640×480
· 尺寸:40 mm×40 mm×40 mm
· 成像时间:<10 s</td></tr>
</table>

续表 5-1

巡航业务	无人机选型及技术参数	吊舱相关设备及参数
违章调查取证系统(行为拍照)	天途 SP-09PRO 北极鸥垂直起降电动固定翼无人机(近程) · 空机质量:8 kg · 载重:≤1 kg · 巡航速度:≥70 km/h · 适用高度:80～1000 m · 抗风能力:5 级 · 动力配置:2 台 3520 电机	HRC-P6200 激光夜视摄像机 · 像素:500 万 · 分辨率:1920×1080(即 1080 p) · 焦距:8.1～310 mm · 光圈数:F1.5～F6 · 最低照度: 彩色 0.002Lu 黑白 0.0002Lux

5.2.2　海事应急业务无人机及吊舱选型方案

文中提到的落水人员/船舶搜寻、紧急事故区域监控(遇险船舶紧急处置)、救生设备投放业务都具有时间上的紧迫性,因此要求无人机响应时间快,具备较高的巡航速度。同时,应急任务发生的环境通常是非正常状况,于是无人机的抗干扰能力须优良,比如抗风等级达到 5 级以上,机体材料具备一定的强度。无人机作为搭载吊舱的平台,在载重性能上也需要满足搭载设备的重量。在中继通信业务中,无人机充当中继台的角色,于是要求无人机有悬停的功能,并具有优良的续航能力,旋翼无人机在这项业务中有更好的表现力。

不同的应急业务对吊舱设备有不同的要求。落水人员/船舶搜寻、紧急事故区域监控(遇险船舶紧急处置)两项业务要求对事发现场实行监控,必要时与现场的主体进行沟通。鉴于以上需求,在吊舱中装备摄像头和喊话器来实现功能。在救生设备投放业务中,无人机在识别遇难人员的前提下,利用抛射装置投放救生圈、救生衣等救生设备。对应地,吊舱中装备摄像头,通过演算或者岸基人确定遇难人员,同时轻型的救生设备必不可少,遇水即气胀的救生设备满足业务需求。在通信中继中,无人机只需要完成信号的中继任务,吊舱设备装载性能优良的中继器就能满足。

在分析了海上应急业务的特点之后无人机型号和吊舱设备的汇总见表5-2。

表 5-2 海事应急业务推荐无人机与吊舱设备选型及技术参数

应急业务	无人机型号及技术参数	吊舱相关设备及参数
落水人员/船舶搜寻	彩虹 3(CH-3) · 起飞质量:632 kg · 载重:60 kg · 巡航速度:150～220 km/h · 续航时间:≥12 h · 最大高度:3000～5000 m · 抗风性能:≥6 级	SKYEYES-30E-E500 30 倍光学变焦吊舱 · 尺寸:115 mm×166 mm×174 mm · 质量:780 g · 有效像素:500 万 · 最大分辨率:3096(H)×2080(V) · 等效焦距:28.8～864 mm · 光圈:F1.5～F4.3 · 最小拍摄距离:100～1500 mm
	翼飞天羽 F-260 固定翼无人机(近程) · 尺寸:2100(长)mm×2600 mm(宽) · 最大作业高度:1000 m · 最大飞行半径:150 km · 控制距离:50 km · 续航时间:3 h · 巡航速度:150 km/h	UAV-AT1025A 海康威视无人机高空机载喊话器 · 广播距离:≥500 m · 音量调节:0～10 级 · 失真率:<5% · 功率:25 W
紧急事故区域监控	北京德可达 TC-1235 · 尺寸:280 cm×150 cm×82 cm · 空重:40 kg · 有效载重:35 kg · 最大巡航速度:100 km/h · 最大飞行高度:2000 m · 抗风等级:7 级	高空喊话器:SFT-APSload · 喇叭功率:20 W · 功放功率:40 W · 频率:433 MHz · 对讲机传输距离:2 km · 声音辐射半径:1 km
	BQX-6S 项目六旋翼无人机(近程) · 轴距:1260 mm · 抗风等级:6 级 · 最大水平飞行速度:17 m/s · 最长飞行时间:64 min · 工作环境温度:−20 ℃～45 ℃ · 最大载重:10 kg	高清摄像机:HHOP-545S 五目倾斜相机 · 相机个数:5 个 · 相机总像素:>2.1 亿 · 镜头焦距:25 mm/35 mm · 最小曝光间隔:1 s · 存储容量:329 G · 整机质量:1.5 kg

续表 5-2

应急业务	无人机型号及技术参数	吊舱相关设备及参数
救生设备投放	彩虹 3(CH-3) ·起飞质量:632 kg ·载重:60 kg ·巡航速度:150～220 km/h ·续航时间:≥12 h ·最大高度:3000～5000 m ·抗风性能:≥6 级	FLIR DUO PRO R 双视无人机用红外热像仪 ·质量:325 g ·像素:640×512 红外像素/1200 万可见光像素 ·热灵敏度:<50 mk ·显示模式:红外、可见光、融合或画中画影像 ·SD 储存:双 64 G ·视频输出模式:HDMI、模拟
	DB-2S 高原型长航时固定翼无人机 ·全长:2000 mm ·全高:600 mm ·翼展:2700 mm ·最大起飞质量:17 kg ·最大任务载重:3～5 kg ·巡航速度:100～110 km/h ·最大飞行速度:150 km/h ·最大爬升率:12 m/s ·最大升限:海拔 5000 m ·最大续航时间:4 h(载荷 3 kg 情况下) ·环境适应性温度:－35～＋50 ℃;湿度:5%～95%	东台市安华救生设备有限公司背心式气胀救生衣 ·材质:TPU 尼龙复合荧光橙 ·气囊形式:单双气囊 ·充气方式:手动、自动、手自动充气 ·储气钢瓶:17 g
		ZHAQQZD 型自动充气安全圈 ·质量:<0.6 kg ·浮力:≥78.4 N ·充气时间:≤5 s ·CO_2 气体质量:17 g ·使用环境温度:－30～＋65 ℃
通信中继	KWT-X6H 长航时油电混动多旋翼无人机 ·尺寸:2313 mm±20 mm ·标准起飞质量:15 kg ·任务载重:≤3 kg ·2.5 kg 悬停时间:≥150 min ·最大抗风能力:14 m/s ·最大飞行速度:12 m/s ·最大工作海拔:2000 m ·GPS 悬停精度:垂直方向,±1 m;水平方向,±2 m	通信中继器:GCAN-206(CAN 网桥/中继器) ·尺寸: 113 mm×100 mm×21 mm ·安装方式:DIN 导轨 ·CAN 通道数:2

续表 5-2

应急业务	无人机型号及技术参数	吊舱相关设备及参数
通信中继	DX6 型多旋翼无人机(近程) · 最大载重:10 kg · 最大巡航速度:36 km/h · 悬停时间:70 min · 最大抗风性:5 级 · 工作极限温度:−20～+55 ℃	· CAN 波特率:10 K～1 M · CAN 接口定义: CAN_H、CAN_L、CAN_GND · 转发速率:8000 帧/s

6 面向海事监管的船名检测与识别关键技术分析

6.1 引言

本章介绍与面向海事监管的船名检测与识别相关的关键技术。首先，针对深度学习极其依赖高质量数据集的问题，构建了一个面向海事监管的船名检测与识别的船名图像数据集，阐述了图像数据集的获取方式与选择标准；随后，分析了与船名检测任务相关的卷积神经网络结构及特点，并引入基于卷积神经网络的目标检测算法；最后，分析了同船名识别相关的循环神经网络。

6.2 面向海事监管的船名图像数据集

深度学习的高速发展离不开大规模数据集的支持，科学且有针对性的数据集是将深度学习相关算法应用于海事监管领域的基础。本书面向海事监管，以船名为切入口围绕船名检测与船名识别两大主题展开，经前期调研发现，目前并没有与船名检测识别任务相关的开源数据集。围绕上述困难，课题组通过多种方式收集在航船舶图片，构建面向海事监管的船名图像数据集。

6.2.1 船名图像数据集获取

面向海事监管的船名图像数据集由网络爬虫收集和无人机实地拍摄两种方式获取。其中，网络爬虫获取船名图像的具体流程如图 6-1 所示。船名图像爬虫程序首先根据网页分析算法过滤与船名图像无关的链接，同时保留与船名图像相关的链接并放入待抓取的统一资源定位符（Uniform Resource Locator，URL）队列之中，进一步对待抓取的船名图片 URL 任务队列进行 DNS 解析、网页下载、网页解析等操作将船名图片进行保存。由网络爬虫获取的船名图片共计 165345 张。

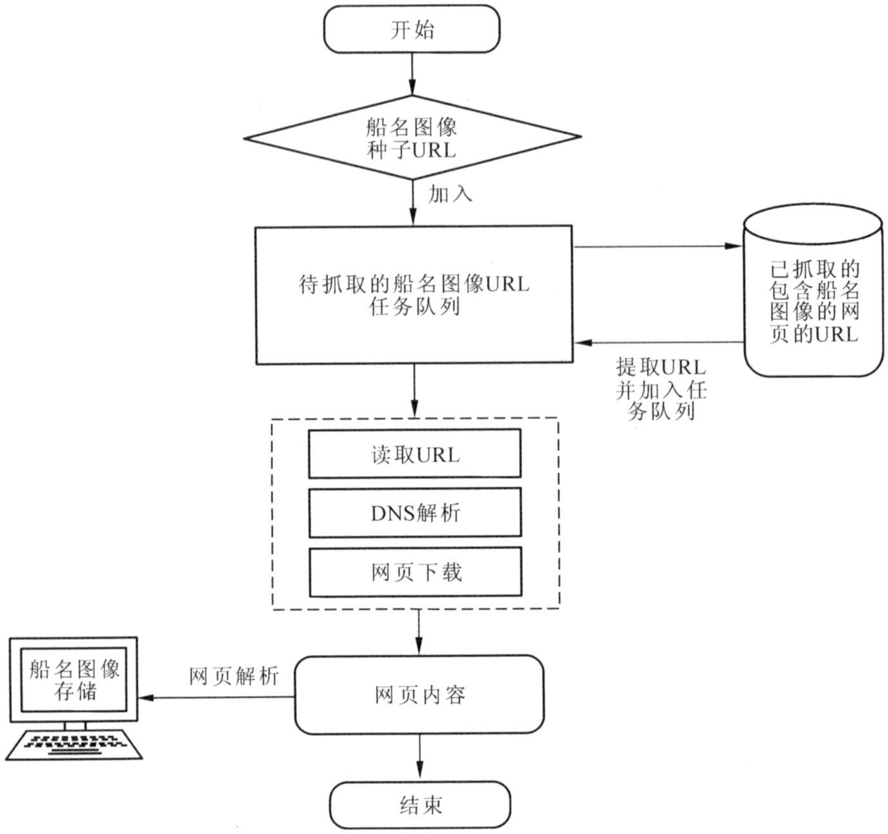

图 6-1 网络爬虫获取船名图像流程示意图

同时，为充分保障面向海事监管的船名图像数据集的真实性，本章通过无人机在航行水域拍摄并获取在航船舶图像，扩充船名图像数据集。船名图像采集过程所选用无人机型号为大疆 INSPIRE 2，搭载 ZENMUSE X5S 云台，通过无人机获取的船舶图像分辨率统一为 5280×3956，拍摄时间跨度分布在 6 个月之间。无人机船名图像采集作业地点涵盖了武汉港、汉口港、沌口港等多个区域，通过无人机获取的在航船舶图像共计 6417 张。

6.2.2 船名图像数据集清洗

通过网络爬虫与无人机实地拍摄获取的船名图片共计 171762 张。在上述的船名图像中，由网络爬虫获取的船名图片存在图片质量差异较大的问题，同时由无人机实地拍摄的在航船舶图像会受到无人机拍摄角度与采集区域天气的干扰，不能保证船名图像质量。为建立更为科学的面向海事监管的船名图像数据集，在本文工作的前期工作中依照下列规则对 6.2.1 节中获取的船名图片进行清洗与选择。

(1)船名有效。本书的主体工作围绕船名的检测与识别展开，因此在对船名图像的筛选过程中应保证数据集中的船名图像至少包含一个有效船名。具体而言，是将上述船名图像中分辨率极低、尺度异常的部分船名图像进行剔除，将有水印遮挡的船名图片进行去水印操作。

(2)背景差异。船名图片的背景差异是对本书所提出的船名检测与识别算法的鲁棒性一个较大的考验。因此，在船名图片选择过程中尽可能多地保留不同背景条件下的在航船舶图片，纳入数据集，增加船名图像背景多样性。图 6-2 展示了数据集中包含各类气象条件、作业状态等不同背景条件下的船名图片。

图 6-2 不同背景条件下的船名图片

(3)船舶类型多样性。本书所提出的船名检测与识别算法面向海事监管，在海事监管区域中来往作业的船舶类型繁多，主要包括货船、集装箱船、渔船、液化气体船等。为保证面向海事监管的船名图像数据集更具有全面性，本节在对船舶图像进行筛选过程中尽可能保留船舶类型的多样性。

(4)船名位置多样性。在对船名图像进行选择过程中，应保证船名位置的多样性。一般而言，船名区域分布在船首两舷、船尾等位置。在对船名图片进行筛选的过程中，保留了同一/不同船舶通过不同角度拍摄得到的船名图像，保证数据集中船名位置呈现多样性。图 6-3 展示了数据集中船名分布在船体不同位置的部分船名图片。

图 6-3　船名位置不同的船名图片

在严格遵守上述标准的基础上，共挑选船名图片 123418 张构建面向海事监管的船名图像数据集。在船名图像数据集中，每张船名图像至少包含 1 个有效船名。由于在对船名图片的清洗过程中充分考虑了船名位置、船舶类型与外在环境等方面的差异性，所构建的船名图像数据集在科学性与有效性上得到了一定的保证。本节所构建的船名图像数据集为后续章节相关算法的研究和评价提供了数据基础。

6.3　面向海事监管的船名检测相关理论

船名检测任务归属于目标检测任务，若使用传统方法对船名的位置特征进行建模，需要手动设置大量参数且算法鲁棒性较差。近年来，随着计算机并行计算能力的提升，大规模数据集的训练变得愈发容易，促进了卷积神经网络(Convolutional Neural Network, CNN)[86]在图像处理领域中的广泛应用。CNN 具有强大的特征学习能力，能够对训练样本中的深层特征直接进行学习。同时由于其局部连接与权值共享的特点，极大降低了网络模型的参数规模与训练难度。相较于传统目标检测算法，CNN 能对更为复杂的影响因子进行建模及拟合，更能满足船名检测任务需求[87]。本节将对 CNN 的结构与特点进行详细分析，进一步引入基于 CNN 的主流目标检测算法并加以介绍。

6.3.1　卷积神经网络结构

卷积神经网络的网络模型不尽相同，但一个卷积神经网络中往往由若干个卷积层、池化层、全连接层和输出层构成[88]。卷积层作用在于对输入的训练样本进行深层特征提取；池化层作用在于对卷积层提取的特征进行采样，能有效地减轻网络模型的过拟合程度；全连接层将卷积层和池化层提取的特征图进行连接，最终交由分类器完成分类，并由输出层输出包含图片类别信息的向量。LeNet-5 是一个典型的卷积神经网络，图 6-4 为 LeNet-5[89] 网络结构示意图，LeNet-5 与其他典型卷积神经网络对输入样本的处理流程基本类似，接下来对卷积神经网络各组成部分进行逐一说明。

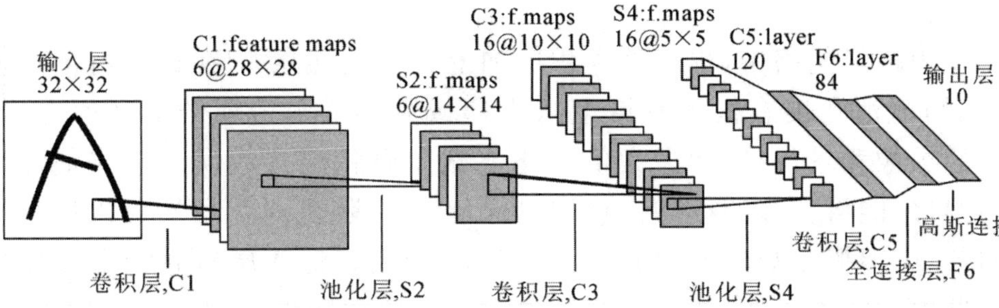

图 6-4　LeNet-5 网络结构示意图

（1）卷积层

卷积层（Convoluntional Layer）是卷积神经网络最基本的组成部分。在卷积层中，对卷积核与输入项进行点积运算。具体操作过程如图 6-5 所示。通常将卷积核看作一个滑动窗口，卷积核沿着输入项的水平或垂直方向按照一定的步长进行滑动，卷积核每滑动一次，便得到卷积核与输入项对应区域内所有像素值卷积运算的结果，并最终完成对输入项的特征提取。

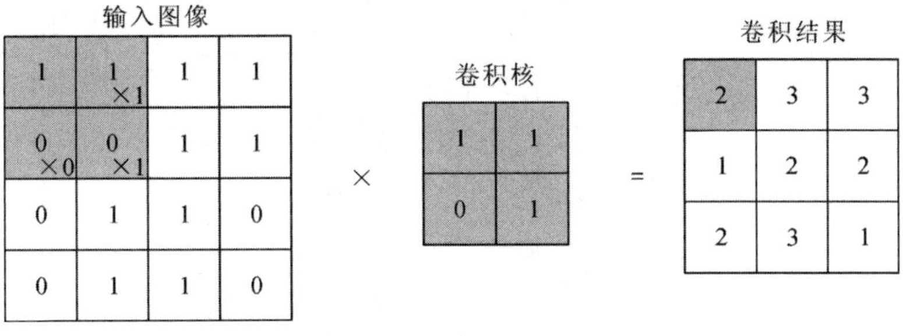

图 6-5　卷积操作

卷积运算作为一种线性运算，仅能提取和表征输入项的线性映射关系。为增强网络对输入项的非线性特征的表达能力，往往需要在卷积操作后添加一个非线性函数运算，在深度神经网络中将统称这些非线性函数为激活函数[90]。

激活函数是卷积神经网络对非线性特征及复杂问题建模的关键。常见的激活函数与计算方法如式(6-1)所示。

$$\left.\begin{aligned}\tan h(x)&=\frac{e^{x}-e^{-x}}{e^{x}+e^{-x}}\\ \mathrm{RELU}(x)&=\max(0,x)\\ \mathrm{sigmoid}(x)&=\frac{1}{1+e^{-x}}\end{aligned}\right\} \tag{6-1}$$

(2)池化层

在卷积神经网络中，称一个卷积层加上一个池化层[91]在进行特征提取的过程中，均值池化能在极大程度上减少邻域大小受限造成的估计值方差，保留更多的图像背景信息；而最大值池化能减少卷积层参数误差造成估计均值误差的偏移，能将更多的纹理信息加以保留[92]。随机池化虽然可以保留均值池化的信息，但概率矩阵的设置对结果影响较大。池化层对卷积层提取到的特征信息进行降维操作，能有效抑制参数过多导致网络模型过拟合现象。

(3)全连接层

在卷积神经网络结构中，经过多层卷积和池化操作后通常连接着一个或数个的全连接层(Fully Connected Layer, FC)。全连接层的作用在于将卷积层和池化层提取的输入项的全局特征映射至样本标记空间。具体而言，FC层中的每个神经元与其前一层的所有神经元进行全连接，并将提取的特征映射通过矩阵向量相乘操作转化为一维输出向量，输入至分类器以完成分类任务。一个简单的全连接层如图6-6所示。

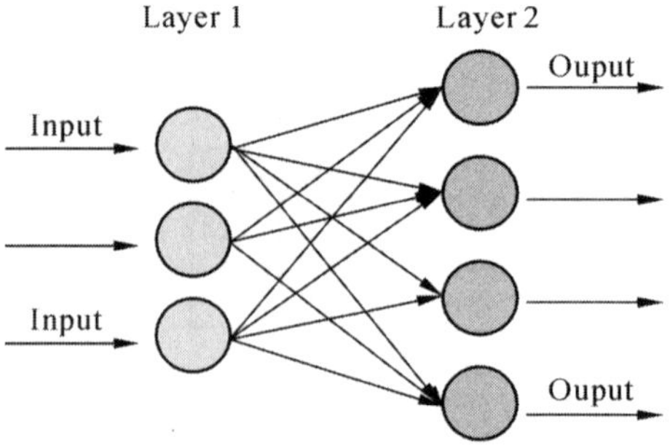

图 6-6　全连接层

(4)输出层

输出层位于 FC 层之后，其作用在于将多分类的结果以概率形式进行展现。输出层的输入是全连接层输出的一维向量，输出维度与输入维度相等。输出向量中每个元素取值范围为 0 到 1，第 i 个元素的取值代表着该样本属于第 i 类的概率，最终实现对输入项的类别预测。由于输入项在经过一系列的卷积与池化操作后，所提取的特征已有较好的表征能力，在输出层常选用较为简单的 Softmax 分类器完成分类任务。

6.3.2 卷积神经网络特点

(1)局部连接

相较于传统神经网络中的神经元间的全连接，卷积神经网络的 $n-1$ 层与 n 层仅有部分神经元连接。图 6-7 展示了神经元间全连接与局部连接在连接方式上的区别。由于神经元间的每个连接都伴随着参数的运算，通过局部连接的方式卷积神经网络极大程度上减小了网络的参数规模，使得网络模型得以更容易训练。

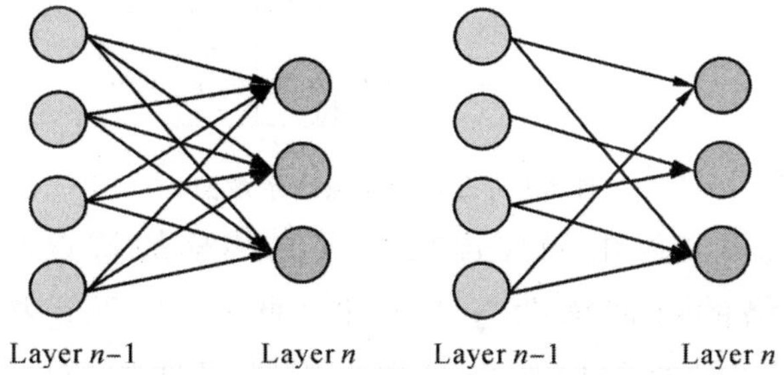

图 6-7 神经元间全连接(左)与局部连接(右)对比示意图

(2)权值共享

CNN 局部连接的方式在一定程度上能够减小网络中的参数规模，但是伴随着网络深度的增加，模型的参数规模也会越来越大，为了进一步压缩 CNN 参数规模并降低训练难度，权值共享的概念被提出。权值共享是指在 CNN 在运行过程中同层神经元共享参数。权值共享的卷积操作使得输入图片的每个像素都有一个权重系数，这些系数被整个图片共享。权值共享使 CNN 更类似于生物神经网络，这种网络结构对比例缩放、平移、倾斜或者其他形式的变形具有高度不变性。

池化层(Pooling Layer)为一个特征提取过程。卷积层与池化层交替出现,但是并非每个卷积层后面都伴随一个池化层。池化层的作用在于对特征进行抽样,在运用较少网络参数的同时能有效缓解网络模型的过拟合程度。池化与卷积操作在流程上大致相似,主要是通过池化窗口对卷积层输出的特征图进行采样,通过在与池化窗口大小一致的位置范围选取一个特征代替该区域。常见的池化操作有均值池化(Meaning Pooling)、最大值池化(Max Pooling)与随机池化等。图 6-8 为三种池化方式示意图。

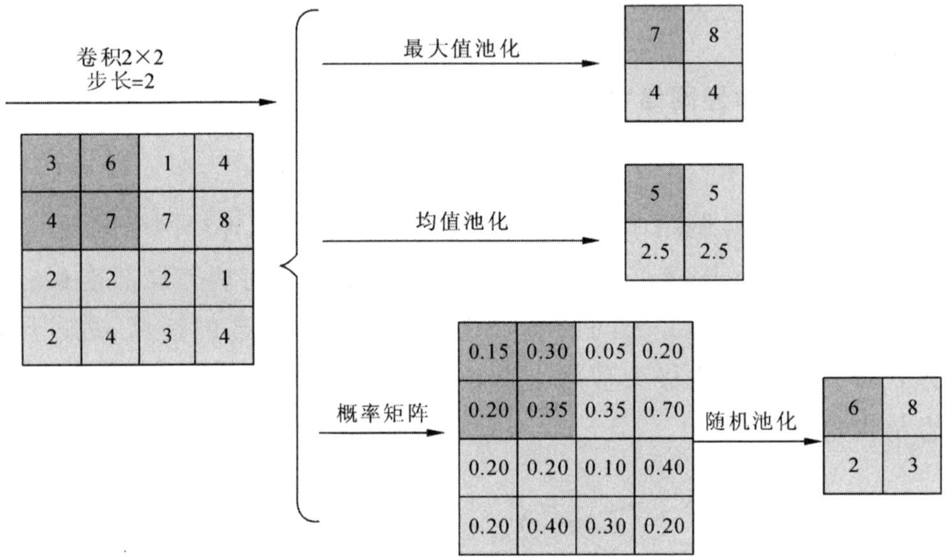

图 6-8　三种池化操作示意图

综上所述,由于 CNN 的局部连接与权值共享的特点减小了网络中的参数规模,提高了网络的可训练性与泛化性。此外,由于卷积神经网络采用原始图像作为输入,可以有效地从大量样本中学习到相应的特征,避免了复杂的特征提取过程而被广泛应用于目标检测[93]。

6.3.3　基于 CNN 的目标检测算法

船名检测任务归属于目标检测(Object Detection)任务,主要目的在于区分输入图像中的船名区域与非船名区域。基于 CNN 的目标检测算法主要分为两类:一类是以 R-CNN 和 Faster R-CNN 为代表的基于区域推荐的目标检测算法;另一类则是 YOLO 为代表的基于回归方法的目标检测算法[94],本节将重点介绍基于区域推荐的目标检测算法。

基于区域推荐的目标检测算法对输入图像的检测分三个步骤完成。首先通过目标候选区域(Region Proposals)提取算法完成对目标物体可能出现区域的提取，常用的目标候选区域提取算法有 Selective Search(SS)[95]、Edge Boxes[96]等；然后通过 CNN 完成对这些候选区域的特征提取；最后经由分类器实现对候选区域的分类工作并对目标所在位置进行修正。

R-CNN[97]算法是基于区域推荐的目标检测算法的开山之作。R-CNN 首先通过 SS 算法完成对待检测图片的候选区域生成，提取出 2000 个可能出现目标的候选区域，而后将其裁剪为 227×227 的统一尺寸送入 CNN 完成对候选区域的特征提取，最后由 SVM(Suport Vectoe Machine)实现目标区域与非目标区域的分类。R-CNN 缺点在于计算量极大且耗时较长，主要原因在于 2000 个候选区域均需要完成特征提取工作与分类工作。另一方面，由于 R-CNN中全连接层的存在，要求输入固定尺寸的图像，在裁剪过程中极易发生数据信息的失真。

Fast R-CNN[98]是针对 R-CNN 检测速度较低提出的一种改进算法，其网络结构如图 6-9 所示。Fast R-CNN 引入了感兴趣池化层(Region of Interest Layer)将不同大小的候选区域特征图池化为尺度一致的特征图。输入图像经 CNN 提取特征图的同时以共享卷积层的方式得到每个候选区域的特征，而后通过感兴趣池化层将候选区域对应的特征图转化为大小一致的特征图，在经过 2 个全连接层后，通过 Softmax 分类器实现目标的类别划分，同时回归模型对候选框位置进行修正。Fast R-CNN 将边界框回归(Boundingbox Regression)归入检测网络内部的同时完成了候选区域的类别划分，实现了共享卷积层，在一定程度上提升了算法速度。但是 Fast R-CNN 仍然选用 SS 算法生成候选区域，检测速度未能得到较大提升。

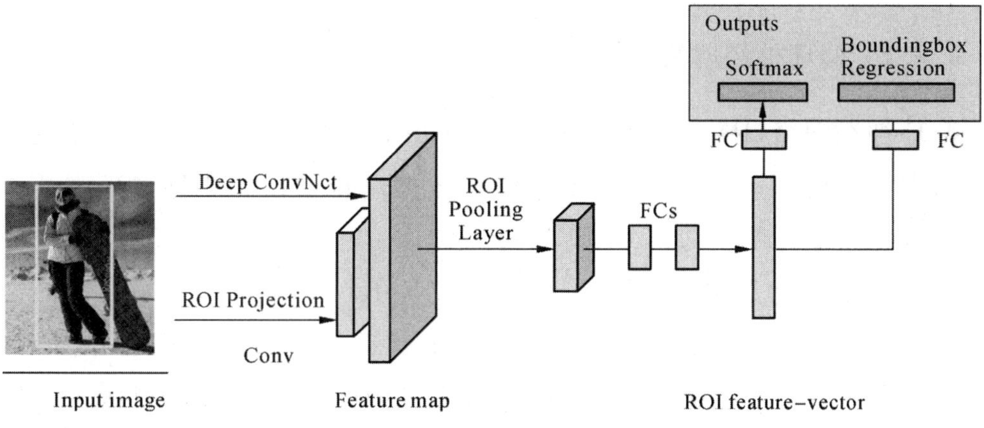

图 6-9　Fast R-CNN **网络结构示意图**

Faster R-CNN[99]是由 Fast R-CNN 演变而来的一种基于区域推荐的目标检测算法，其网络结构如图 6-10 所示。Faster R-CNN 由卷积层、RPN（Region Proposals Network）网络、感兴趣区域池化层（ROI Pooling）与输出层组成。相较于 R-CNN 通过 SS 算法生成目标可能出现的区域，Faster R-CNN通过引入 RPN 网络实现了对候选区域的快速提取。另外，建议生成窗口的 CNN 与目标检测的 CNN 参数共享实现了 Faster R-CNN 端到端的训练，在检测精度及检测时间上相较于 Fast R-CNN 有了很大的提高。

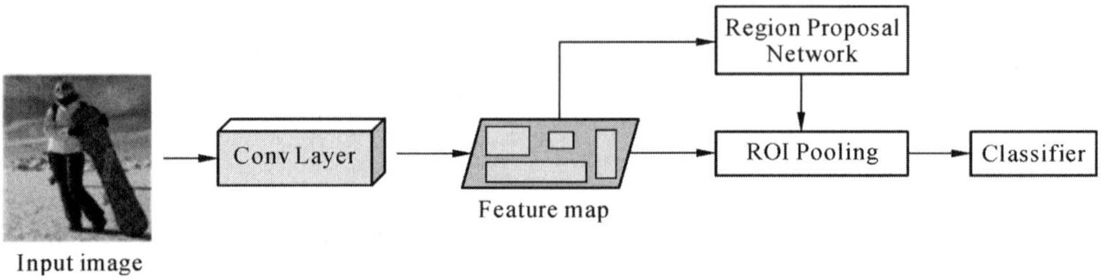

图 6-10　Faster R-CNN 网络结构示意图

6.4　面向海事监管的船名识别相关理论

船名识别是指在完成船名位置检测的基础上，对船名位置区域包含的字符信息进行识别。要完成对船名内容的识别，需要对船名字符前后关系进行建模。卷积神经网络的同层神经元通常没有连接，致使此类网络对前后相关的序列数据处理能力极为有限。为满足船名识别任务对序列数据建模的需求，现对与船名识别相关的循环神经网络进行分析。

6.4.1　循环神经网络

循环神经网络（Recurrent Neural Network, RNN）[100]是一种基于时序数据的深度学习模型，主要目的在于对序列数据进行建模。典型循环卷积神经网络结构如图 6-11 所示。

相较于前馈神经网络（Feed-Forward Neural Network, FNN）的同层神经元不相互连接，RNN 隐藏层神经元的各个节点可以自连接与相互连接。由 RNN 的网络结构不难看出，隐藏层当前时刻的输入包含隐藏层上一时刻的输出与当前时刻的输入，具体体现为 RNN 对上一时刻的信息进行记忆并映射至当前的网络输出中。

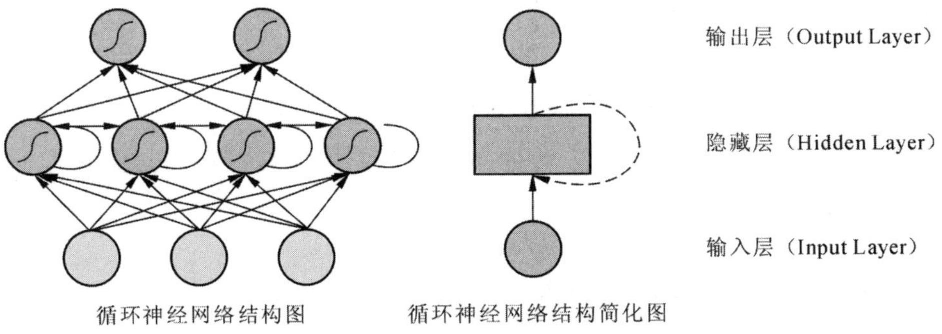

图 6-11 循环神经网络结构示意图

若将图 6-11 按照时间序列进行展开，RNN 的网络结构也可以表示为图 6-12 的形式，RNN 可以视作循环体在时间序列上复制多次的结果。在 RNN 中，循环体网络结构中的各项参数在不同时刻均是共享的。循环体的参数共享一方面减轻了网络的参数负担，另一方面也使得模型可以扩展到长度不定的数据中。

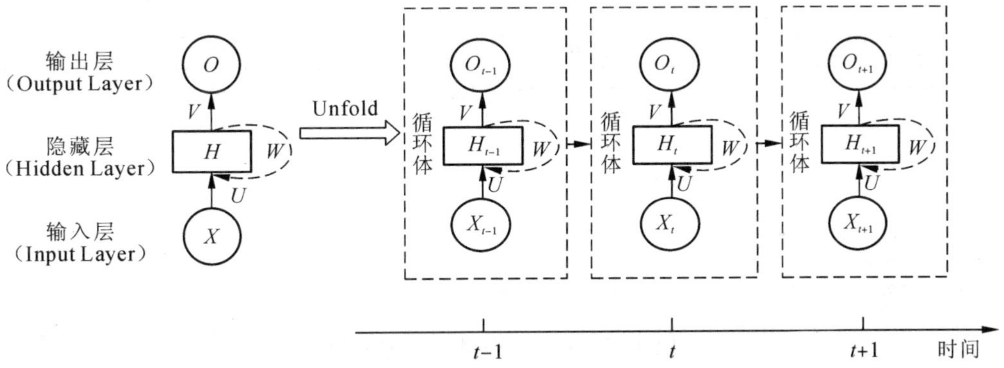

图 6-12 按时间序列展开后的 RNN 网络结构示意图

在具体的网络运算过程中，RNN 的每个神经元接受当前时刻的输入 X_t，而后由当前网络状态 H_t 计算输出当前时刻神经元的输出 O。而网络当前的状态 H_t 则是由上一时刻网络状态 H_{t-1} 与当前时刻的输入 X_t 共同决定的。进一步而言，RNN 在当前时刻的输出由当前时刻及本时刻之前的所有时刻的输入共同决定，正是这一特性赋予了 RNN 对于时间序列进行数据建模的能力。

虽然 RNN 可以实现对整个时间序列信息的处理，但对其记忆影响大的仍然是最后输入的一些信号，而早些时候输入网络的信号强度随着输入网络时间的增长越来越低，最后仅能起到辅助作用。对于一些简单问题的建模，可能仅仅需要输入少量的时序信息即可解决。但在某些复杂场景中，往往需要时间序列早些时候甚至是开头的信息，而间隔太远的输入信息 RNN 又是难以记忆的，RNN 的长程依赖（Long-term Dependencies）使得其性能十分受限。同时，由于网络中优化算法的原因 RNN 的训练过程中也极易出现梯度消失与梯度爆炸的问题。

6.4.2　长短期记忆神经网络

长短期记忆神经网络[101]（Long Short-term Memory，LSTM）是一种特殊的 RNN，其目的在于解决 RNN 长程依赖的问题并充分利用时序信息对问题进行建模。其网络结构如图 6-13 所示。

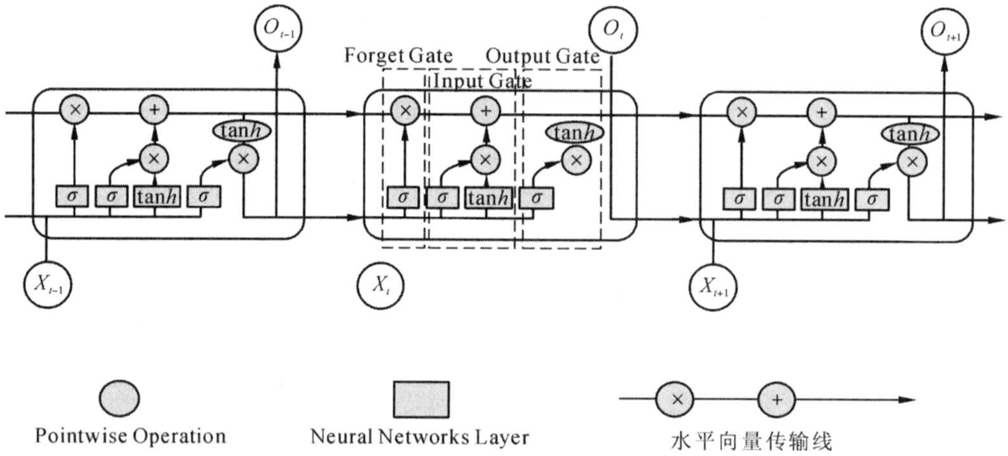

图 6-13　循环神经网络结构示意图

从图 6-13 可以看出，LSTM 的一个循环体主要由状态向量传输线、遗忘门（Forget Gate）、输入门（Input Gate）、输出门（Output Gate）四部分组成。水平向量传输线的作用在于将一个 LSTM 包含的所有循环体进行串联，并在串联过程中对信息流进行简单的线性干预，负责对长期信息的记忆。循环体中门控结构是一个使用按位相乘操作的全卷积神经网络，其激活函数为 Sigmoid。激活函数输出一个 0 到 1 的参量，影响通过“门”的信息数量，0 表示“完全遗忘，禁止任何信息通过”，1 表示“允许所有信息通过”。门控结构的存在使得信息有选择地影响网络中每个时刻的状态参量，循环体中的门控结构则负责对短期信息记忆的选择。

单个 LSTM 循环体结构如图 6-14 所示。具体而言，输入门根据上一时

刻的输出 O_{t-1}、上一时刻细胞状态 C_{t-1}、当前时刻的输入 X_t 共同决定当前细胞接收信息的数量，同时遗忘门也会根据 O_{t-1}、C_{t-1}、X_t 等参量遗忘无效信息。通过遗忘门与输入门 LSTM 能够更加高效地决定保留下来的信息与需要遗忘的信息。LSTM 在计算得到新的状态 C_t 后，由上一时刻的输出 O_{t-1}、最新状态 C_t、当前时刻的输入 X_t 通过输入门共同决定当前时刻的输出 C_t。

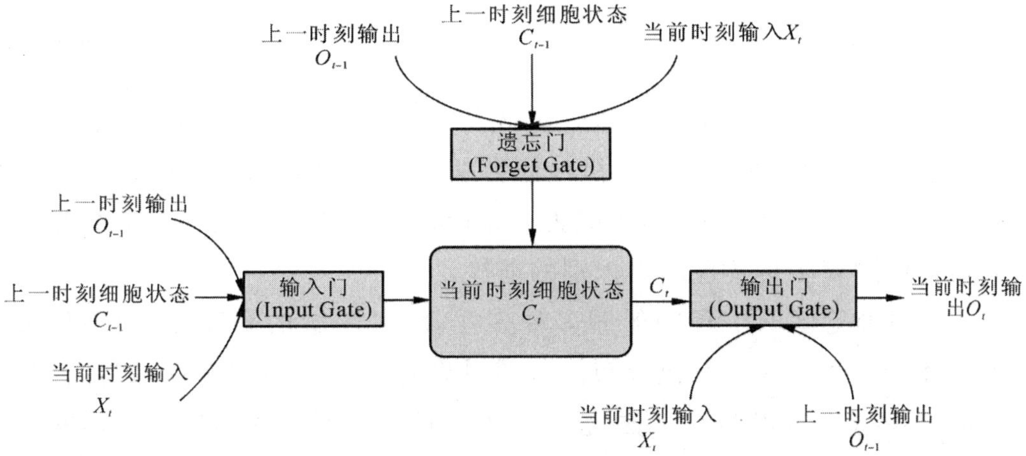

图 6-14　LSTM 单个循环体结构示意图

综上所述，LSTM 中的门限结构通过对信息的更新和遗忘机制解决了 RNN 长程依赖的问题，使其拥有了强大的创建时间序列模型能力，也为后续的船名字符识别工作提供了思路。

7 基于 SN Mask R-CNN 的船名检测

7.1 引言

船名检测是指无人机在对监管盲区及重点监管区域的巡航过程中，拍摄得到在航船舶图像输入至计算机检测算法，将包含船名位置区域进行输出。只有对船名区域的准确定位，才能为后续的船名识别工作提供基础数据。高效的船名检测算法是实现船名识别的前提。

在海事监管区域出现的船舶多种多样，船名区域的高宽比、出现位置和颜色等特征往往呈现差异化分布。若通过设置分类器对船名区域进行定位，往往需要设置大量参数且无法应对船名区域尺度不一的问题；同时，基于连通域的检测方法对光照异常敏感，对海事监管背景下的船名检测效果不佳。而卷积神经网络具有强大的特征提取能力，相较于传统的检测算法能对更为复杂的影响因子进行建模及拟合。针对船名区域特征复杂的特点，本节提出采用 SN Mask R-CNN 模型实现船名检测。

7.2 船名检测网络结构设计

基于 SN Mask R-CNN 的船名检测网络如图 7-1 所示。输入的船名图像经过船名特征提取网络得到对应的特征映射(Feature Map)，接着对该特征映射中的每个点设定预定数量的感兴趣区域(Region of Interest，ROI)，从而获得多个候选区域的 ROI。随后，将上述候选的 ROI 送入区域候选网络(Region Proposal Network，RPN)进行二值分类(Classification)及边界框回归(Bounding-box Regression，Bbox reg)，并过滤掉一部分候选的 ROI。接下来，对未被过滤的 ROI 进行 ROI Align 操作，在操作过程中，先将在航船舶图片与特征映射中的像素点进行一一对应，然后将特征映射与船名特征进行对应。最后，对检测到的船名位置通过 FC 层进行 Bbox reg 及掩码生成，由此，输出检测到的船名位置。接下来将对基于 SN Mask R-CNN 的船名检测网络主要组成部分分别说明。

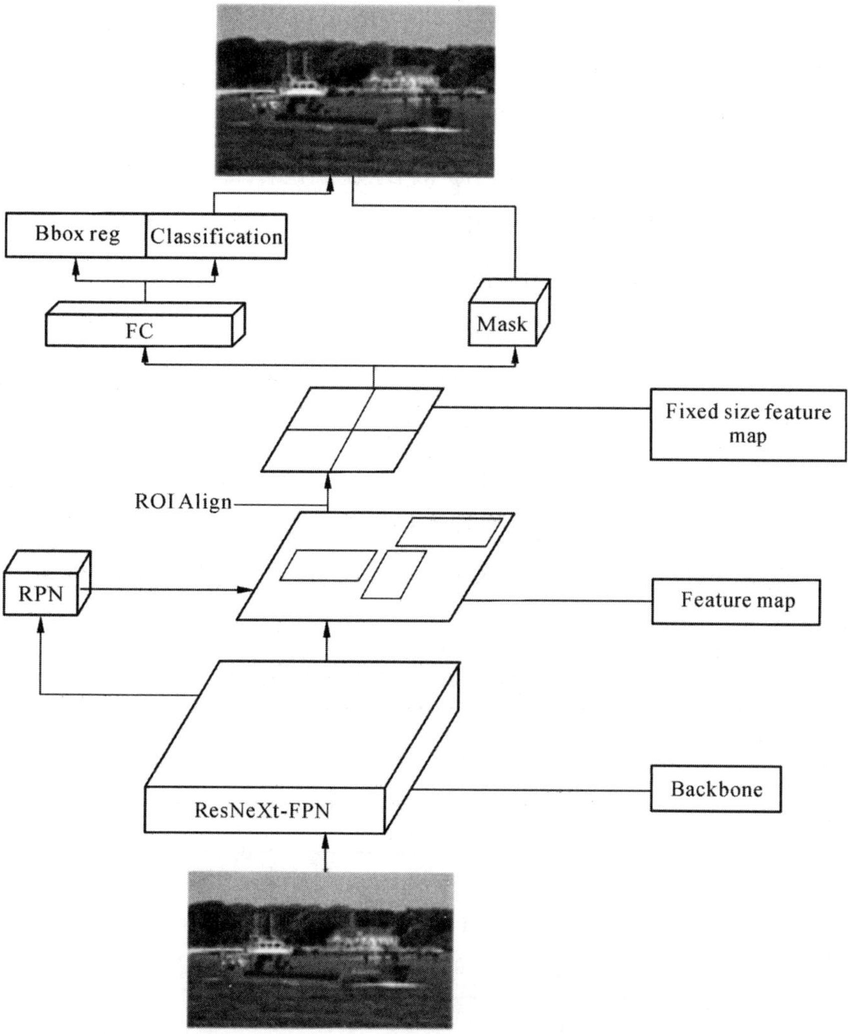

图 7-1　基于 SN Mask R-CNN 的船名检测网络结构示意图

7.2.1　船名图像特征提取网络

在船名检测网络模型中，通过船名图像特征提取网络得到船名图像的特征映射。本节将 ResNeXt-FPN 网络设置为船名图像特征提取网络，主要原因在于相较于标准 Mask R-CNN[102] 中的 ResNet 网络，ResNeXt 网络结构更为简洁，在确保同等船名检测精度的前提下，ResNext 超参数的运算量大幅度减少。同时，ResNext 的存在能有效地避免因网络深度的增加而难以训练的问题。

由表 7-1 可知，本节所选取的特征提取网络 ResNeXt 相较于标准 Mask

R-CNN 中的 ResNet 网络，每个卷积层中 ResNeXt 的通道数更多但最后的参数总量却是一致的。对于输入尺度为 227×227 的船名图像而言，将卷积分为五个阶段，第一阶段设置 2 个卷积层，第一层卷积层有 64 个大小为7×7、步长为 2 的卷积核，并跟随一个 RELU 激活函数；在第二层卷积层与第二阶段网络连接处添加一个最大池化层，池化窗口大小为 3×3、步长为 2，第二阶段的“×3”代表连续三次的卷积操作，同时在第二阶段的卷积层上下部分均加上了 1×1 的网络层，并将网络分支个数设为 32；从第三阶段开始，每个阶段对应部分的卷积核个数均为上一阶段的 2 倍；船名检测特征提取网络第五阶段由 FC 层与 Dropout 层组成，FC 层输出特征向量维度为 2048，经由 RELU 激活函数连接输入至参数为 0.5 的 Dropout 层。针对船名区域过小的问题，本节将 ResNeXt 提取到的船名图像中间特征映射应用到特征金字塔网络中(Feature Pyramid Networks, FPN)，避免将船名区域当作图像噪声过滤的情况。

表 7-1　船名检测特征提取网络参数表

stage	output	ResNet-50	RexNeXt-50
conV1	112×112	7×7,64,stride 2	7×7,64,stride 2
conV2	112×112	3×3 max pool,stride 2	3×3 max pool,stride 2
	56×56	$\begin{bmatrix}1\times1 & 64\\3\times3 & 64\\1\times1 & 256\end{bmatrix}\times3$	$\begin{bmatrix}1\times1 & 64 & \\3\times3 & 64 & C=32\\1\times1 & 256 & \end{bmatrix}\times3$
conV3	28×28	$\begin{bmatrix}1\times1 & 128\\3\times3 & 128\\1\times1 & 512\end{bmatrix}\times3$	$\begin{bmatrix}1\times1 & 128 & \\3\times3 & 128 & C=32\\1\times1 & 512 & \end{bmatrix}\times3$
conV4	14×14	$\begin{bmatrix}1\times1 & 256\\3\times3 & 256\\1\times1 & 1024\end{bmatrix}\times3$	$\begin{bmatrix}1\times1 & 256 & \\3\times3 & 256 & C=32\\1\times1 & 1024 & \end{bmatrix}\times3$
conV5	7×7	$\begin{bmatrix}1\times1 & 512\\3\times3 & 512\\1\times1 & 2048\end{bmatrix}\times3$	$\begin{bmatrix}1\times1 & 512 & \\3\times3 & 512 & C=32\\1\times1 & 2048 & \end{bmatrix}\times3$

续表 7-1

stage	output	ResNet-50	RexNeXt-50
	1×1	Global average pool 1000-d fc,sigmoid	Global average pool 1000-d fc,sigmoid
# params		25.6×10^6	25.6×10^6
FLOPs		4.2×10^9	4.2×10^9

7.2.2 船名区域建议网络

如图 7-2 所示,船名区域建议网络(RPN)作用在于对船名特征提取网络输出的特征映射上使用滑动窗口(Slidding Window)在每个位置生成若干个尺寸不一的目标框(Anchor),再将生成的目标框送入卷积神经网络提取特征,用于船名区域与非船名区域的分类及船名区域目标框的修正。RPN 分类及回归细节如图 7-3 所示,网络的一个支路通过 Softmax 分类器完成对船名区域及非船名区域的划分,另一个支路用来对船名位置区域边界框进行偏移量回归,以获得更为精准的船名建议区域。进一步地,Proposal 部分综合判断为前景的锚框与船名包围框为回归获取建议区域,并将超出图像边界的建议区域进行删除。

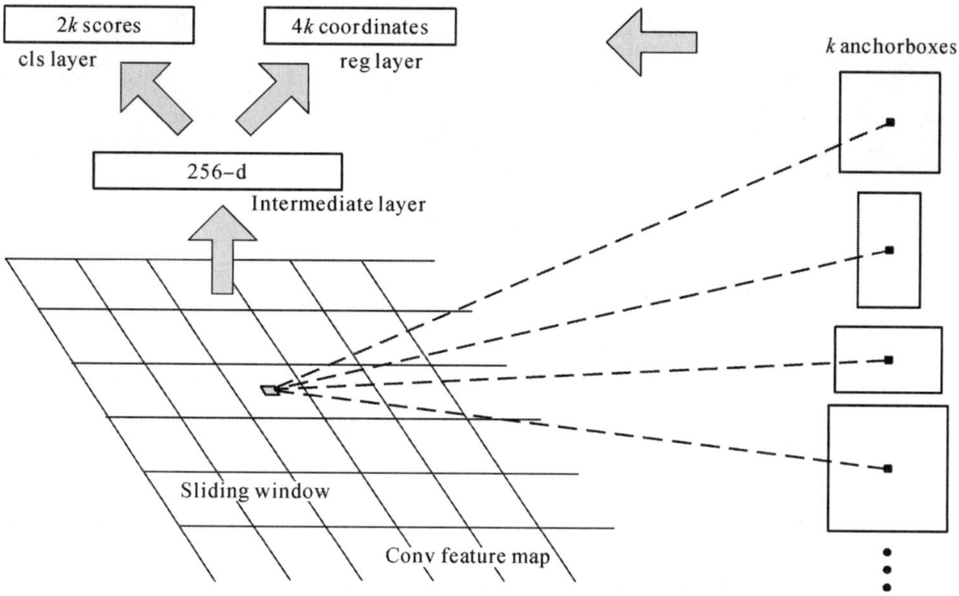

图 7-2 区域建议网络(RPN)

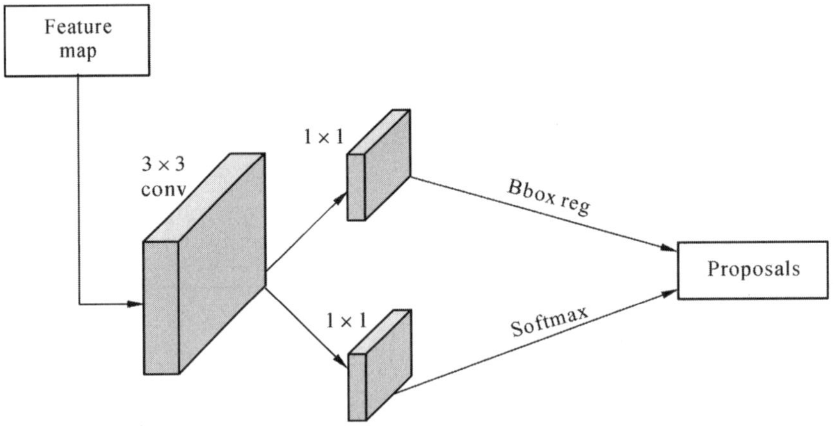

图 7-3　RPN 分类及回归细节示意图

在上述过程中,边界框的重叠会使得 ROI 在同一个目标上重叠,故需要对 ROI 进行非极大值抑制操作(Non-maximum Suppression, NMS)。在船名检测任务中,NMS 获取按照分数排序的建议列表对已排序的列表进行迭代,删除重叠面积大于设定阈值且得分较小的 ROI,并提出一个具有更高分数的建议。图 7-4 为非极大值抑制操作流程示意图。

图 7-4　非极大值抑制操作流程示意图

7.2.3　感兴趣区域对齐

基于 SN Mask R-CNN 的船名检测网络使用感兴趣区域对齐(ROI Align)的思想代替了 Faster R-CNN 中的感兴趣区域池化(ROI Pooling)思想,使回归框能够以小数方式移动。主要原因在于 ROI Pooling 将输入的船名图像映射至特征图的过程中,将大小不同的船名建议区域池化为统一尺寸,进行了取整操作,使得船名特征映射反向映射至输入船名图片时在经过 Max Pooling 层后,船名特征映射与输入船名图片之间存在明显的偏差。在本书所设计的船名检测网络中 ROI Align 去除了所有量化过程，不进行取整操作，而是通过双线插值确定输入船名图片感兴趣区域中每个点的特征值，再进行池化操作提升精度。本节的船名检测网络 ROI Align 的双线性插值过程如图 7-5 所示。

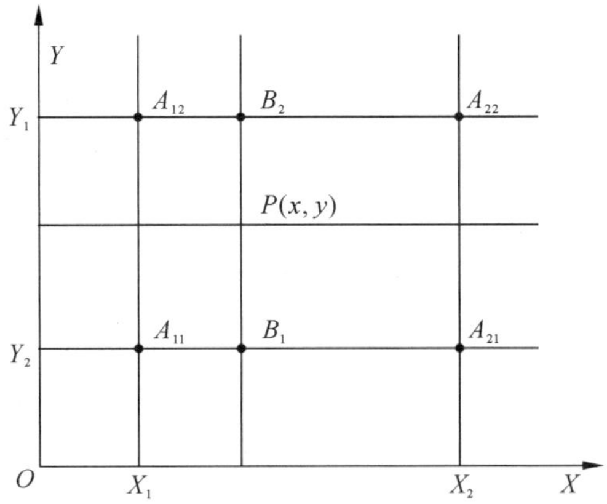

图 7-5 ROI Align 的双线性插值示意图

假设 P 点为最终计算得到的插值点，已知 A_{11}、A_{12}、A_{21}、A_{22}，由 A_{11} 和 A_{21} 做线性插值得到 B_1，同理，由 A_{12} 和 A_{22} 做线性插值得到 B_2，最后由 B_1 和 B_2 做线性插值得到点 P。具体运算过程如式(7-1)：

$$f(x,y)=\frac{f(A_{11})}{(x_2-x_1)(y_2-y_1)}(x_2-x)(y_2-y)+\frac{f(A_{21})}{(x_2-x_1)(y_2-y_1)}(x-x_1)(y_2-y)+\frac{f(A_{12})}{(x_2-x_1)(y_2-y_1)}(x_2-x)(y-y_1)+\frac{f(A_{22})}{(x_2-x_1)(y_2-y_1)}(x-x_1)(y-y_1) \tag{7-1}$$

7.2.4 损失函数设计

基于 SN Mask R-CNN 的船名检测网络的损失函数是在标准 Faster R-CNN的损失函数上添加掩膜损失函数 L_{mask}，通过多任务学习方式将船名区域分割二值图进行交叉熵的运算，船名区域分割二值图通过预测得到。船名检测网络将 Mask R-CNN 损失函数与船名区域推荐网络损失 L_r 共同训练。基于 SN Mask R-CNN 的船名检测网络整体损失函数如式(7-2)计算：

$$L=L_{cls}+L_{box}+L_{mask}+L_r \tag{7-2}$$

其中 L_{cls} 为船名区域与非船名区域分类损失；L_{box} 为检测目标框损失；L_{mask} 为船名区域掩膜损失函数；L_r 为船名区域推荐网络损失。

(1)船名区域与非船名区域分类损失函数 L_{cls}

函数定义如下：

$$L_{\text{cls}}(p_i, p_i^*) = -\log[p_i^* p_i + (1-p_i^*)(1-p_i)] \tag{7-3}$$

其中角标 i 为船名候选区域编号；p_i 表示第 i 个船名候选区域为真实船名区域的概率；p_i^* 表示样本的正负，若为正样本时取值为 1，若为负样本时则取值为 0，正负样本根据建议船名区域与人工标注船名区域的 *IOU* 进行判定，其中大于 0.7 的被判定为正样本，小于 0.3 的被判定为负样本。

(2)检测目标框 L_{box}

在计算目标框损失函数 L_{box}时，选择 $smooth_{\text{L1}}$作为衡量标准。L_{box}计算方式如式(7-4)所示，$smooth_{\text{L1}}$的定义如式(7-5)所示。

$$L_{\text{box}}(t_i, t_i^*) = \sum_{i \in \{x,y,w,h\}} smooth_{\text{L1}}(t_i, t_i^*) \tag{7-4}$$

$$smooth_{\text{L1}} = \begin{cases} 0.5x^2 & |x| < 1 \\ |x| - 0.5 & |x| \geqslant 1 \end{cases} \tag{7-5}$$

(3)船名区域掩膜损失函数 L_{mask}

L_{mask}对于每一个 ROI 输出维度为 km^2，即 k 个分辨率为 m^2 的二进制掩膜，并通过 siogmoid 函数对每一个像素求相对熵，以得到平均相对熵误差 L_{mask}。具体计算方式如式(7-6)所示。

$$L_{\text{mask}} = \frac{1}{m^2}\sum_{1 \leqslant i,j \leqslant m}[-y_{ij}(\text{sigmoid}(x)) - (1-y_{ij})\log(1-\text{sigmoid}(x))] \tag{7-6}$$

式中　y_{ij}——在 $m \times m$ 的特征图上点(i,j)的像素值。

(4)船名推荐区域网络损失

对于船名推荐区域网络损失 L_{r} 的计算可参考 L_{box}与 L_{mask}计算方式，计算船名候选区域是否为归为前景。

在本节的船名检测网络结构设计中，选用了网络结构更为简洁的 ResNeXt-FPN 作为输入船名图像的特征提取网络，进一步将其输出的船名图像特征映射输入至 RPN 网络中生成船名候选区域，同时对重叠的 ROI 进行 NMS 操作，以得到更为精准的船名候选区域，在经过 ROI Align 操作后过 FC 层进行 BB 回归及掩码生成，输出最终的船名位置。

7.3 船名检测实验

7.3.1 实验平台及数据集

在船名检测网络的训练及测试过程中，所选用的数据集为 6.1 节构建的面向海事监管的船名图像数据集。依托课题组计算资源，本章的船名检测实验平台具体配置如表 7-2 所示。本文所有实验均以 Pycharm 为编译器，主要依赖的库有：Aancoda3-Python3.6、Cuda9.0、Conda4.7、Keras2.2、Numpy、Pandas、OpenCV-python、Pillow、Matplotlib 等。

表 7-2 船名检测实验平台配置

	名称	类型	性能
硬件	图像处理器	2×NVIDIA GeForce RTX 2080 Ti	2×11 G
	内存	DDR4	126 G
	中央处理器	Intel XeonE52650v4	2.1 GHz×2
软件	深度学习框架	Tensorflow	—
	操作系统	Windows 10	—

7.3.2 船名图像检测标注

船名图像预处理主要包括对面向海事监管的船名图像尺度的处理及船名位置区域标注。在预处理阶段，由于船名图像数据集中的船名图片尺寸差异较大，若直接将船名图片放入船名检测网络中训练会致使网络参数指数式增长，不利于船名检测网络的训练学习。因此本节通过随机裁剪的方式将船名图片裁剪为像素 227×227 的统一大小，以减少网络参数数量加快网络训练。

船名区域标注是指通过标注程序对船名图像中有效的船名区域以轴对齐矩形框(即矩形框边界与船名图像边界垂直或平行)的形式标注出来，作为船名检测网络训练和测试的标注数据。本节选取 Labelme 对船名图像区域进行标注并生成 json 文件，进一步将 json 文件转化为可被网络接收训练的 info.yaml 及 labnel.png 文件。图 7-6 为船名图像标注流程示意图。

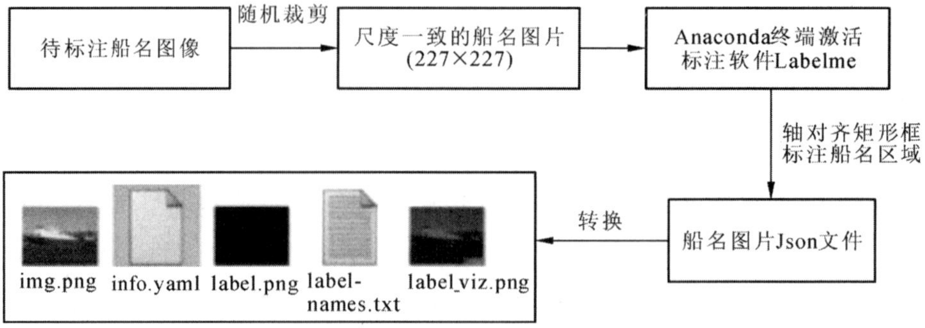

图 7-6 船名图像标注流程示意图

7.3.3 船名检测模型评价标准

为对基于 SN Mask R-CNN 的船名检测模型性能进行评估，引入检测精度(Precision)和召回率(Recall)用于衡量船名检测模型的检测精度，船名检测模型的 Precision 和 Recall 越高，代表船名检测模型的性能越好。在船名检测任务中，模型的 Precision 和 Recall 可按式(7-7)进行计算。

$$\text{Precision}=\frac{m}{M}$$

$$\text{Recall}=\frac{m}{H} \tag{7-7}$$

假定测试集中共有 $H=100$ 张船名图片，船名检测网络正确定位到的船名位置个数 $m=90$，但同时也检测到了 30 个伪船名位置，即船名识别模型检测到目标区域总个数 $M=120$，但是仅有 90 个船名位置是正确的，则称船名识别网络模型的检测精度 Precision 为 75%；同理船名检测网络模型的召回率为 90%。

船名检测网络的检测精度与召回率是根据模型的检测结果进行计算得来的。模型的检测结果，即船名检测模型检测到的船名区域与船名区域的真实边界(人工标注所划定的船名区域)二者的重合度，称之为感兴趣区域 IOU 值。如图 7-7 所示，假设图中区域 P 为模型定位到的船名位置，区域 S 为真实船名位置，则 IOU 可由式(7-8)计算得出。

$$\text{IOU}=\frac{S\cap T}{S\cup T} \tag{7-8}$$

对于目标检测而言，还需要设置一个阈值 T，通过比较 T 与 IOU 值的大小,来判断是否正确定位到了目标位置。若 IOU 值≥T 则表示正确地定位到了目标区域,反之则表示定位失败。在本节的船名检测实验中,经反复实验验证,设置阈值 T 为 0.5,即当 IOU 值≥0.5 时,表示预测的边界框是可信的。

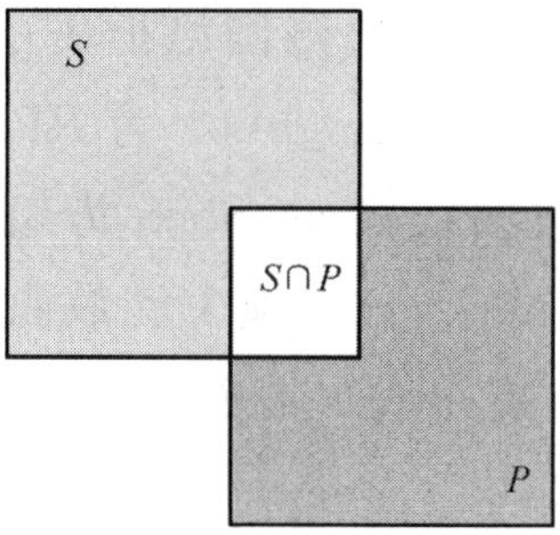

图 7-7 IOU 示意图

同时,本节引进检测时间(Detection Time)表示船名检测模型检测出船名图像中船名区域所需的时间衡量模型检测速度。Detection Time 越小表示船名检测模型运行速度越快,检测效率更高,实时性越强;反之,Detection Time 越大船名检测模型运行速度越慢,检测效率低,实时性差。

7.3.4 船名检测网络实现细节

在本章的船名检测实验部分主要围绕和相关方法的对比及标准 Mask R-CNN的对比两个方面。在相关方法方面,引入 Faster R-CNN 方法对数据集进行训练并与本节的船名检测方法进行对比。Faster R-CNN 的网络结构及运行方式在本文的 6.3.3 节中已经做了较为详尽的介绍,在此不再赘述。为保证对比试验有效性,本节方法与对比实验均基于 Tensorflow 平台对模型进行训练,输入每个网络的训练集与测试集保持一致。

在基于 SN Mask R-CNN 的船名检测网络训练过程中,对船名检测特征提取网络的训练是随机初始化的,随机初始化的参数梯度通过反向传播到整个船名检测网络很容易造成预训练好的特征被破坏。因此,在对船名特征提取网络的训练时冻结其他网络层,待船名特征提取网络训练完成后根据模型表现对船名检测网络其他部分参数,并对面向海事监管的船名图像数据集进行学习。同时为了避免船名检测网络中除特征提取网络的剩余部分卷积层的卷积核发生明显变化,在初始的船名检测网络训练中将学习率设置得较小,根据工程经验依次按照 0.003、0.002、0.001 迭代,并在实验过程中发现学习率为 0.001 船名检测网络收敛更快。训练完成后保存船名检测模型，将最好的模型参数文件用于船名检测。在对船名检测网络进行训练时，采用带有动量的随机梯度下降优化算法，权重衰减设为 0.001，动量设定为 0.9，迭代次数为 5000 次。图 7-8 为本章船名检测网络损失函数曲线，其中 loss_rpn_cls 为 RPN 网络分类损失曲线，loss_rpn_bbox 为 RPN 网络回归损失曲线，loss_cls 为船名检测网络分类损失曲线，loss_bbox 为船名检测网络回归损失曲线，loss_mask 为船名检测网络 mask 分支损失函数曲线，loss 为船名检测网络整体损失函数曲线。由损失函数曲线可以看出，船名检测模型整体损失函数曲线不断下降并趋于稳定收敛。

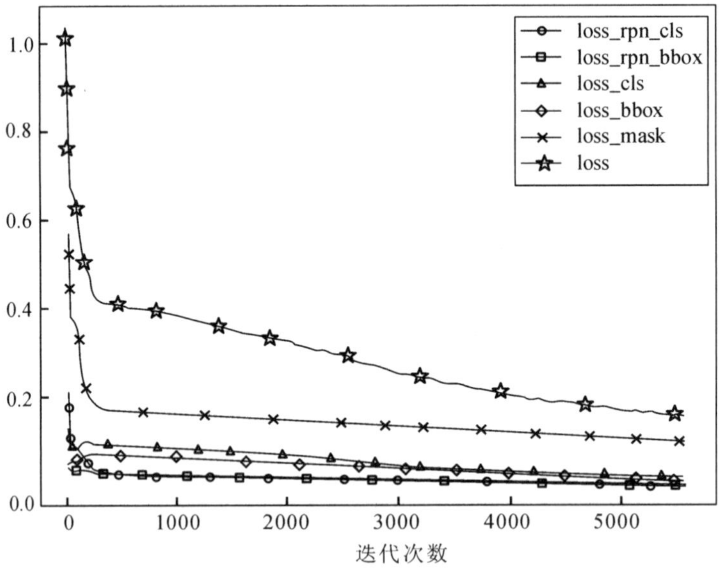

图 7-8　本章方法船名检测网络损失函数曲线

7.3.5　船名检测网络性能评估

为了验证基于 SN Mask R-CNN 的船名检测网络的可靠性与效率，本节对船名检测模型性能进行量化评估。船名检测模型的性能评估包括模型检测精度的评估和模型检测效率的评估，各项性能评估指标的计算方式在 7.3.2节中已经做了定义，在此不再赘述。表 7-3 为 Faster R-CNN、标准 Mask R-CNN 与本章方法在 IOU 值设置为 0.5 时的检测性能指标对比表。

表 7-3　测试精度及测试效率对比表

船名检测方法	Precision(%)	Recall(%)	Detection time(FPS)
Faster R-CNN	91.25	91.3	4.25
Mask R-CNN	98.21	92.22	4.43
本章方法	98.13	97.12	4.66

由表 7-3 可知，Mask R-CNN 由于在特征提取网络中添加了 FPN 结构，实现了特征融合，在确保准确率的前提下获得了更为高级的语义信息，提高了船名位置检测的准确率，Recall(召回率)明显提高；同时，本章的船名检测网络采用 ResNeXt 网络替代标准 Mask R-CNN 中的 ResNet 网络，减少了特征提取网络层数，因此本章方法的 Precision 有所降低，但不影响正常的船名检测任务，而在 Recall 与 Dectection time(检测时间)方面，本章方法更具优势，在海事监管的背景下具有较高的实用性。

7.3.6　模型检测结果可视化

本章的船名检测模型与基于 Faster R-CNN 的船名检测模型的船名区域定位结果例图如图 7-9 所示。实验结果表明，本章的船名检测模型对于不同尺寸、不同背景、不同光照条件、不同倾斜角度的船名区域均有较好的检测效果，鲁棒性较强。

(a)

(b)

(c)

(d)

图 7-9　本章方法与基于 Faster R-CNN 的船名检测网络输出例图

(a)本章船名检测方法在在航场景下的船名检测输出例图;(b)基于 Faster R-CNN 的船名检测方法在在航场景下的船名检测输出例图;(c)本章船名检测方法在靠泊场景下的船名检测输出例图;(d)基于 Faster R-CNN 的船名检测方法在在航场景下的输出例图

8 基于 CRNN 的船名识别

8.1 引言

船名识别是指在完成船名位置检测的基础上，对船名位置区域包含的字符信息进行识别。传统的字符识别方法中所选择的分类器的拟合能力较差，且识别精度十分依赖识别前的预处理工作（如字符矫正、字符分割等），对字符长度不一、特征多样的船名识别能力有限。鉴于深度学习强大的特征学习能力与数据拟合能力，本章将针对船名识别任务具有尺度复杂和类别多样的特点，采用卷积循环神经网络（Convolutional Recurrent Neural Network，CRNN）解决船名识别问题。

8.2 船名识别网络结构设计

基于 CRNN 的船名识别网络将输入的船名图片视作一个字符序列，直接对检测到的船名位置区域图像进行字符识别并输出船名，实现了端到（end-to-end）端的船名识别[103]。相较于传统的字符识别方法，能消除字符矫正[104]、字符分割[105]等预处理过程带来的累积误差，极大提高船名识别效率。

CRNN 网络结构如图 8-1 所示，CRNN 主要由卷积层（Convolutional Neural Layer）、循环层（Recurrent Neural Layer）、转录层（Transcription Layer）三部分组成。卷积层对输入的船名图片进行特征序列提取，特征序列交由循环层进行预测并输出单帧检测结果，最后转录层将单帧预测结果转录为船名输出。船名识别网络模型 CRNN 将船名识别问题建模为字符序列识别问题，基于序列的建模可以识别任意长度的船名，这一特性对于字符个数不统一的船名字符的识别十分有利。此外，CRNN 中包含了不同类型的网络模型，但共用了一个损失函数，极大降低了模型训练的难度[106]。

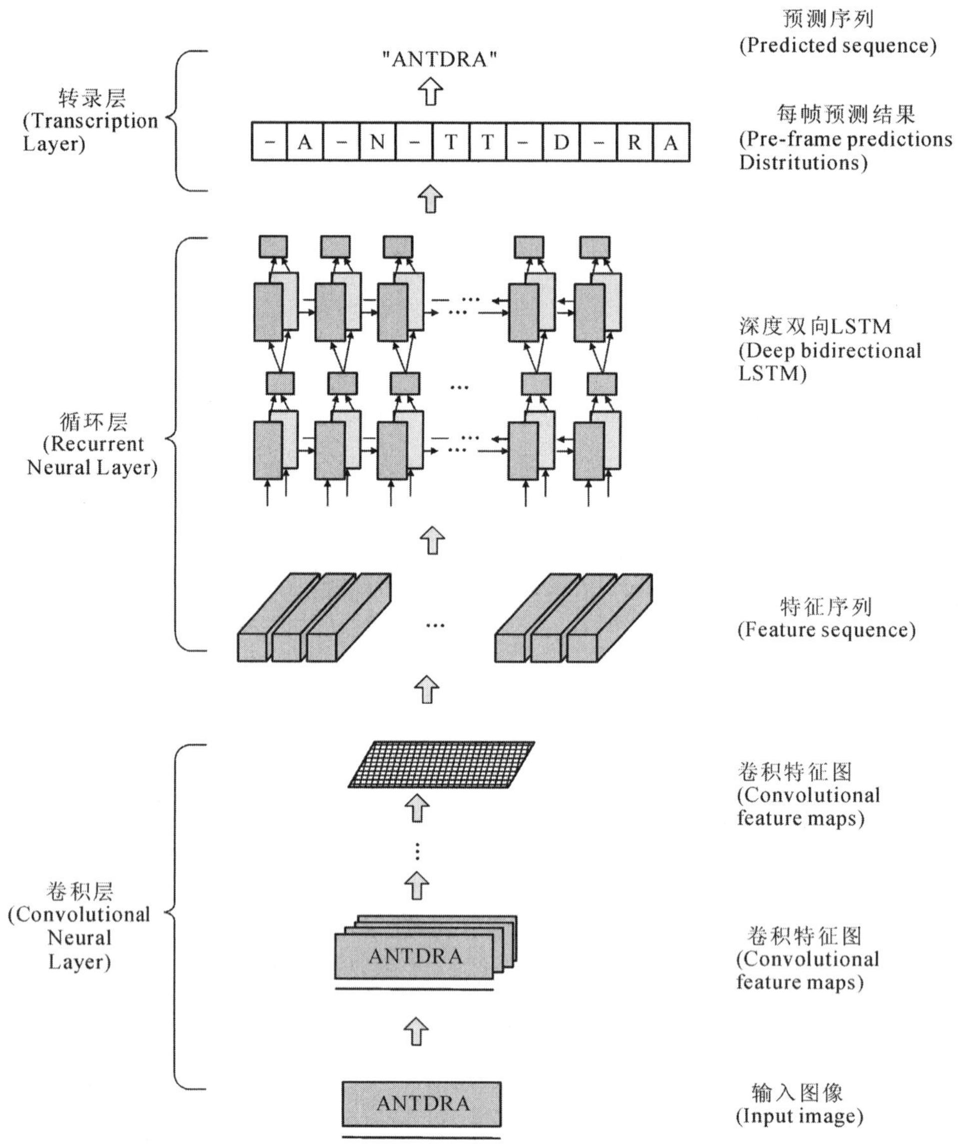

图 8-1　船名识别网络 CRNN 结构示意图

8.2.1　卷积层

船名识别网络 CRNN 中的卷积层是将标准 CNN 模型中的全连接层进行剔除，保留卷积层与池化层。由于剔除了参数量巨大的全连接层，极大减少了船名识别网络模型的参数量。保留下来的卷积层与池化层完成对船名图片的特征提取，并将卷积层输出的特征映射从左到右逐列转换为一维特征序列。

在将包含船名字符区域的图片传递至船名识别网络之前，将待识别船名图片高度统一设置为 $H_{sn}=32$。由于输入船名图像的高度统一，因此船名特征映射的高度也为 32，进一步的特征序列中的向量维度也为 32，船名特征序列长度不定且与船名图像宽度对应。船名识别网络的卷积层对船名图片的特征提取具有局部性，其特征序列与船名图像一一对应。如图 8-2 所示，船名识别特征序列对应船名图像的每一个局部区域，按照船名识别特征序列的顺序从左到右地描述了船名图像。

因此，船名识别网络 CRNN 的卷积层提取的是船名的序列特征，能够很好地满足船名识别任务的要求。

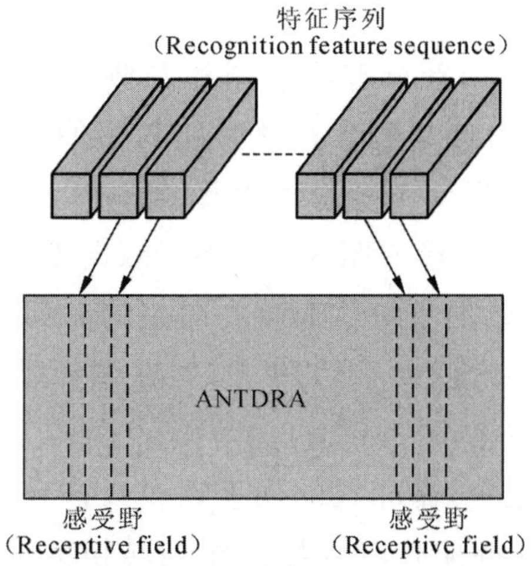

图 8-2　船名识别特征序列对应的船名图像感受野

相较于一般的字符识别任务而言，船名字符识别具有船名图片尺度较小、干扰因素多样等特点。针对上述问题，船名识别网络 CRNN 中的卷积层继承了 CNN 强大的特征提取能力与学习能力，利用船名特征序列描述船名图片，保留了船名图片的局部特征与序列特征，对于船名字符识别任务十分有利。

8.2.2　循环层

船名识别网络中循环层的作用在于接收卷积层提取的船名字符特征序列，并对船名字符特征序列的标签进行预测，标签的内容主要包含英文字母、数字、船名字符中间的空白区域等内容。针对船名识别字符上下文关联性较强、船名字符长度不一的特点，本节的循环层选用多层双向 LSTM 网络实现船名字符的序列预测，多层双向 LSTM 结构如图 8-3 所示。

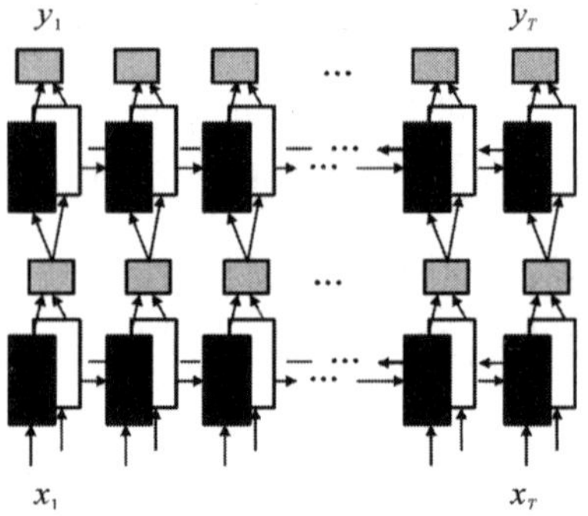

图 8-3　多层双向 LSTM 网络结构示意图

从 6.4.2 节中不难看出，标准的 LSTM 仅能利用上一些时刻的输入，这对船名字符识别任务意味着只有船名图片左侧或右侧的图像信息可以被利用，而完整的船名字符信息却包含在整张船名图像中。因此本章在循环层使用了两个方向相反的 LSTM 对整张船名图像中包含的字符信息进行建模，并同时堆叠多个双向 LSTM 形成图 8-3 的多层双向 LSTM 结构。其中，黑色块代表自左向右的 LSTM，白色块代表自右向左的 LSTM。双向的 LSTM 的输出拼接后传递至下一层的双向 LSTM 中，并在循环层顶端得到每个船名字符特征序列对应标签的概率，即 $y=y_1,y_2,\cdots,y_T$。

在循环层训练过程中，循环层的误差通过反向传播机制传导至船名特征序列的每一帧，并通过特征映射到特征序列转换的逆向过程，将船名特征序列拼接成船名图片并得到卷积层的误差。在船名识别网络中将卷积层与循环层归至同一个网络中训练，实现了端到端的训练。

综上所述，船名识别网络中的循环层通过双向 LSTM 拼接的操作能够更有效地捕捉船名字符上下文信息，这一优势正好符合了船名字符上下文相关性较强的特点[107]。同时循环层能够处理任意长度的序列，这对字符长度不一的船名字符识别工作十分有利。

8.2.3　转录层

转录层的作用在于将单帧预测结果转化为字符输出。具体而言，转录层通过在循环层最后连接一个时间分类模型（Connectionist Temporal Classification，CTC）[108]将循环层输出的每帧船名图片预测序列转化为单帧船名图片标签序列，实现船名识别。

在船名识别网络中，假定输入的船名字符长度为 T，经过卷积层与循环层处理后，循环层的最后一层对每个样本点 $t(t \geqslant T)$ 输出对应的预测概率。所有样本点的预测概率在传递给 CTC 模型后，输出概率值最大的标签并对船名字符进行去重操作与去空格操作，得到最终的船名字符。例如，假设单帧船名图片预测的序列结果为“—A—N—TT—D—RA”，经去重操作后得到的船名字符序列为“—A—N—T—D—RA”，进一步地经过去空白操作，最终得到船名字符序列，即船名识别结果“ANTDRA”。

在具体的网络运算过程中，单帧船名图片标签序列 l 在单帧船名图片预测序列上的后验概率会忽略掉 l 中每个标签所处的位置，CTC 定义标签 l 的后验概率具体运算过程如式(8-1)所示[109]。

$$p(l \mid y) = \sum_{\pi:\beta(\pi)=l} p(\pi \mid y) \tag{8-1}$$

其中输入序列为单帧船名图片预测序列 $y = y_1, y_2, \cdots, y_T$，每个预测值都存储于标签集合 L 中。β 为映射函数，定义在序列 $\pi \in L^T$ 上，即 β 将 π 映射至 l 上，首先删除重复的船名字符序列，然后删除船名字符之间的空格间隙。

π 的概率被定义为 $p(\pi | y)$，其中 $y_{\pi_t}^t$ 表示 t 时刻标签为 π_t 的概率，具体运算过程如式(8-2)所示。

$$p(\pi | y) = \prod_{t=1}^{T} y_{\pi_t}^t \tag{8-2}$$

在网络训练过程中，若选取的目标函数为式(8-1)后验概率的负对数似然函数时，仅仅需要完整的船名图片与完整的船名特征序列，避免给单个船名字符标注位置信息的过程。此外，CTC 模型的后验概率相对于输出是可导的，以船名识别网络的 CTC 损失作为训练目标，可以实现船名识别网络的端到端训练。

8.2.4　船名识别网络结构参数

基于 CRNN 的船名识别网络结构参数如表 8-1 所示，船名识别网络卷积层借鉴了 VGG-VeryDeep 的网络结构，并根据船名识别任务的特点进行调整。具体而言，是将船名识别网络中第 3 个和第 4 个最大池化层的池化窗口转化为 1×2 的矩形池化窗口，而非标准的 2×2 正方形池化窗口。在船名识别任务中体现为船名图片特征映射的宽度得以更多的保留，进一步经循环层转化会得到更多的船名图片特征序列。同时由于船名字符标签序列的长度总是小于或者等于船名字符特征序列，更长的船名字符特征序列赋予了船名识别网络对于较长船名的识别能力。循环层由两个双向 LSTM 结构组成，每个 LSTM 隐含层节点数为 256，用以对船名字符特征序列的标签进行预测，最后经转录层输出船名图片中包含的船名字符信息，实现船名识别。

表 8-1　基于 CRNN 的船名识别网络结构参数表

网络结构	卷积核	步长	填充
Transcription	—	—	—
双向 LSTM 双向 LSTM	hidden units:256 hidden units:256		
序列转化层	—		
Conv	2×2	1×1	0×0
Max Pooling	2×2	1×2	
Conv	3×3	1×1	1×1
Conv	3×3	1×1	1×1
Max Pooling	2×2	1×2	
Conv	3×3	1×1	1×1
Conv	3×3	1×1	1×1
Max Pooling	2×2	2×2	
Conv	3×3	1×1	1×1
Max Pooling	2×2	2×2	
Conv	3×3	1×1	1×1
Input	W×32 单通道船名图片		

8.3　船名识别实验

本节将对基于 CRNN 的船名识别网络的训练与测试过程进行详细说明，并对网络输出进行量化分析以验证算法性能。同时，通过与基于光学字符识别(Optical Character Recognitio，OCR)[110,111] 的船名识别方法的对比，进一步验证算法的有效性。

8.3.1　船名识别数据集

由于船名识别网络所需训练样本数量极大，在第 6 章中所构建的面向海事监管的船名图像数据集在数量上不能满足需求，若直接将其作为训练集极易导致船名识别模型过拟合。为解决数据量不足的问题，在实验验证过程中引入模拟船名图片对船名识别网络模型进行预训练。船名识别网络训练及验证过程中采用的数据集包含的两部分如下：

(1)面向海事监管的船名图像数据集

在将面向海事监管的船名图像数据集纳入船名识别数据集之前，须对船名图像进行二次筛选。主要是由船名检测与船名识别两个任务目的不同所导致的，船名检测算法所接收的监督信息仅为船名区域与非船名区域，而船名识别算法所需的监督信息包含上下文信息、字符个数、字符类型等。对于数据集中的船名字符不完整的船名图像对于检测算法的输入是有效的，但对于船名识别网络的训练是无效的，同时也会使得船名识别算法学习到错误的上下文信息而无法提高准确率。在将面向海事监管的船名图像数据集按照船名字符信息完整、布局合理的标准进行选取后，经由船名检测算法定位并截取 61123 张船名图片归入船名识别数据集。

(2)模拟船名图像数据集

本节通过生成模拟船名图片的方式扩充船名识别数据集。在生成模拟船名图片的过程中，充分考虑了截取的真实船名图片的语料库构成、字符倾斜、图片干扰等因素。模拟船名图片的语料主要来自面向海事监管的船名图像数据集，其包含的每一张船名图片对应的字符序列被当作一条语料，随机出现在模拟船名图像数据集中。同时，生成模拟船名图像时对部分船名字符加入倾斜角度，以模拟海事监管无人机在实际巡航过程中拍摄角度不同而带来的干扰。最后，通过设置不同灰度值的线条加入模拟船名图片进行噪声模拟。基于上述考虑共生成模拟船名图片 912311 张。

部分模拟船名图片例图如图 8-4 所示。生成模拟船名图片的方式能在较短时间内生成大量训练数据，且能自动生成每张船名图像对应的船名字符标签，无需人工标注，极大地节省了船名识别模型训练成本，模拟生成的船名图片对基于 CRNN 的船名识别网络的预训练具有重要意义。

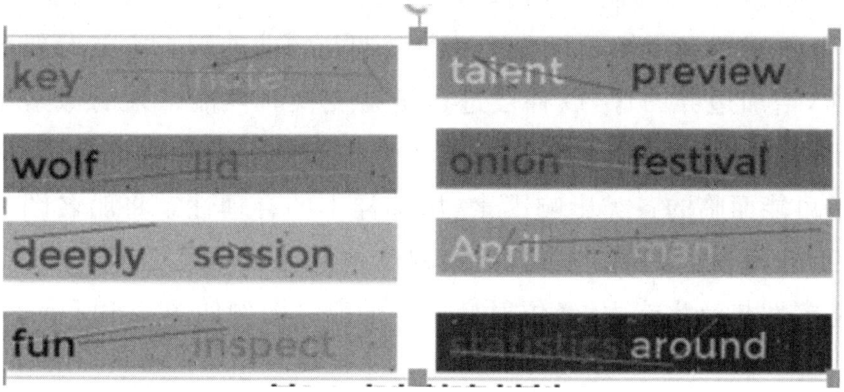

图 8-4 部分模拟船名图片

8.3.2　船名图像预处理

为保证对船名字符特征进行最大程度的特征提取，通过数据增强和仿射变换的方式对船名图像进行预处理，避免船名图像样本受偶然噪声而带来的识别不准的情况，增强船名识别模型的鲁棒性。

数据增强[112](Data Augment)是一种将少量数据集在最大限度保留原数据内在特征的基础上扩充数据集的最有效的方法。数据增强技术上不难实现，而带来的收益极高。在船名图像的预处理工作中，通过高斯模糊(Gaussian Blur)算法对船名图像进行预处理[113]，以增强船名识别模型对于模糊船名区域图像的检测效果；通过添加高斯噪声(Gaussian Noise)的额外干扰，模拟海事监管背景下存在的船名字符遮挡的情况，提升模型的对抗能力；将船名图片进行旋转以模拟海事监管无人机的拍摄角度，经数据增强操作后的船名图例如图 8-5 所示。

图 8-5　数据增强后的船名图例

为了提高船名识别模型在海事监管这一复杂场景下的泛化能力，引入仿射变(Affine)对船名图像进行多尺度的微调及扭曲变形。本节对船名图片进行重采样，增加边界图像，以补偿进行仿射变换时可能带来的像素溢出的问题。对于仿射变换的方向及尺度设定为合理区间上的随机值，以模拟海事监管背景下可能面临的各类影响因素，增加样本的合理性。将船名图片进行仿射变换后结合数据增强的方式，极大程度地扩充数据集的船名图像，增强了模型的稳定性与泛化能力，经仿射变换后的船名图例如图 8-6 所示。

图 8-6　仿射变换后的船名图例

8.3.3　船名识别模型评价标准

为对基于 CRNN 的船名识别模型性能进行评估，在综合考虑前人经验的基础上，采用识别准确率对模型的性能进行评估。在对船名识别模型进行评估之前，先记录测试集标签，再与通过船名识别网络模型输出得到的结果进行匹配，得到模型识别准确率。模型识别准确率由船名识别准确率与船名字符识别准确率两方面组成。

（1）船名识别准确率

船名识别准确率（Plate）定义为被模型正确识别的船名图片数量 p 与输入至网络的船名图片总数 P 的比值，具体计算方式如式（8-3）所示。

$$\text{Plate}=\frac{p}{P} \tag{8-3}$$

1 个正确被模型识别的船名图片表示该船名图片上的所有字符均被正确识别；反之，一旦该船名图片上有 1 个或者多个未被正确识别的字符，则该船名图片不能被视作正确识别的样本。

（2）船名字符识别准确率

船名字符识别准确率（Character）被定义为被模型正确识别的船名字符数 c 与船名字符总数 C 的比值，具体计算方式如式（8-4）所示。其中，船名字符总数表示输入至船名识别网络的图片中包含的字符总个数。

$$\text{Character}=\frac{c}{C} \tag{8-4}$$

8.3.4　船名识别模型网络训练细节

本节使用 8.3.1 节中生成的 912311 张模拟船名图片对船名识别网络模

型进行预训练；再将经过数据增强以及仿射变换的真实船名图片作为测试集喂入船名识别网络模型并调整超参数，监测船名识别模型在训练时的移动情况，根据模型是否出现过拟合为条件判定是否停止训练；最后将部分真实船名图片作为测试集以评估船名识别模型的泛化能力，真实船名图片仅调用一次，以避免使用测试集为训练样本使得船名识别模型的准确率的贡献来源于测试集。

基于CRNN的船名识别模型包含深层卷积神经网络与深度循环神经网络，两种网络模型训练难度较大。在训练过程中发现批归一化(Batch Normalization, BN)方法对模型的训练极为有利。因此在训练过程中，在网络的3个卷积层上添加了BN操作。在船名识别网络的训练过程中采用了随机梯度下降算法，在船名识别网络的转录层中，误差通过前向-后向(forward-backward)算法进行传递，使用ADADELTA优化方法对船名识别网络进行优化。在对船名识别网络的预训练过程中，初始学习率为1×10^{-3}，最大迭代次数50次；在对船名识别模型进行微调时初始学习率为5×10^{-5}，最大迭代次数4000次。

8.3.5 船名识别模型网络性能评估

为验证基于CRNN的船名识别模型的有效性，先进行对比实验，分析船名图像预处理对船名识别模型准确率的影响。然后引入基于OCR的船名识别方法，通过对比识别准确率以验证本章船名识别方法的优越性。识别准确率的评价标准包括船名识别准确率与船名字符识别准确率，具体计算方法见8.3.3节。

(1)船名图像预处理对船名识别模型的影响

为验证船名图像预处理对船名识别模型的影响，将对比试验的训练过程设置为先将模拟船名图片送入网络进行预训练，直接使用部分真实船名图片对模型进行微调，在训练集中不出现经数据增强与仿射变换处理的船名图片。表8-2为数据预处理前后船名识别模型准确率对比表。由表可知，在经过数据增强和仿射变换的预处理工作后，船名识别准确率提高了5.4%，船名字符准确率提高了6.21%。由此可以得出船名图像的预处理工作对船名识别模型性能有较好的提升效果。

表 8-2 数据预处理前后船名识别模型准确率对比

Method	Plate(%)	Character(%)
CRNN-No Aff+Aug	93.12	91.11
CRNN-Aff+Aug	98.52	97.32

(2)基于 CRNN 的船名识别模型准确率评估

本节将通过基于 OCR 的船名识别方法与基于 CRNN 的船名识别模型准确率对比,以验证本章方法在船名识别问题上的有效性。基于 OCR 的船名识别方法遵循传统字符识别的流程即图片矫正、字符分割、字符识别的处理流程,在本文的对比实验中调用了谷歌开源 OCR 引擎 Tesseract 对船名图片进行识别。同时,为保证对比实验科学性,对输入至两种方法的测试集保持一致。表 8-3 为基于 OCR 的船名识别方法与本章方法的准确率对比。

表 8-3 基于 OCR 的船名识别方法与本章方法的准确率对比

Method	Plate(%)	Character(%)
Tesseract-OCR	70.12	73.51
CRNN-Aff+Aug	98.52	97.32

由表 8-3 可知,基于 CRNN 的船名识别模型无论在船名识别准确率与船名字符识别准确率上均远远超过基于 OCR 的船名识别方法。具体而言,本章方法在船名识别准确率上提高了 28.4%,在船名字符识别准确率上提高了 23.81%,且两项指标均超过 95%,模型识别性能较好。

8.3.6 船名识别结果可视化

基于 CRNN 的船名识别模型识别结果样例如表 8-4 所示。

表 8-4 基于 CRNN 的船名识别模型识别结果样例

输入船名图片	真实标签	识别结果	是否正确
	ANDRINA F	ANDRINA F	是
	AMNY DOLLARD	AMNY DOLLARD	是
	ARKIOW VIKING	ARKIOW VIKING	是
	ARKLOW RULER	ARKLOW RULER	是
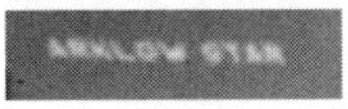	ARKLOW STAR	ARKLOW STAR	是

由表 8-4 可以看出，第 1 个样本为容易识别的图像数据，仅有字母 F 底部存在模糊；第 2 个样本的字母紧密程度分布不同，左密右疏并且存在角度的扭曲变形；第 3 个样本存在连接干扰；第 4 个样本存在斑影；第 5 个样本尺寸小，字符扭曲模糊并且图像倾斜程度较大。尽管上述船名图片样本存在诸多干扰，基于 CRNN 的船名识别模型仍能对船名图片中的字符信息进行正确识别。

综上所述，基于 CRNN 的船名识别模型对不同尺寸、不同倾斜程度、不同模糊程度、不同干扰的船名图片均有较好的识别效果，模型鲁棒性较高，能较好地解决海事监管背景下的船名识别问题。

9 监管与应急技术框架

9.1 引言

为了保障无人机体系对曹妃甸海域进行高效率的巡查和监管，形成立体的监管体系，并能够保证同时出现多处险情和违法行为时指挥中心可以第一时间做出应对。因此我们在此处提出多任务智能分配平台的概念。当多起海事违法行为和险情同时出现的第一时间，我们控制界面输入险情类型和气候状况信息，使多任务智能分配平台迅速做出反应，合理地分配无人机资源和相关工作人员，做到“机”尽其用，提高海事管理的效率。

如何对现有无人机资源进行统一管理、合理调度，快速获取重要区域的高分辨率航空影像，成为海事紧急救援和违法行为取证的关键问题之一。应急救援要求在灾后海域状况恶劣条件下，实现多架无人机快速任务规划与调度，合理安排各无人机调查取证和应急救援的任务执行序列，包括监管和救援任务执行顺序和时间，以求在灾后有限的时间内，最大限度发挥无人机的能力，收获最多最好的应急监控成果。目前有不同的适用模型，如多基地多无人机协同侦察模型、无人机协同多任务分配模型以及混合整数线性规划模型等。

9.2 船舶数据存储平台

立足于无人机的海事巡航和监管，一方面无人机通过常规巡航得到的信息随着时间的增加会越来越多，另一方面船舶携带的各类电子系统越来越多，如船舶避碰系统、监控系统及导航定位系统，海上信息处理中心统一对这些系统的信息进行处理与存储。随着各类信息系统采集的数据维度及数据量的增加，传统的集中式信息处理中心的处理与存储性能越来越不能适应大数据的处理性能，需要进行改进。所谓云存储平台是利用虚拟化技术将分布式的物理资源有效整合，并进行统一划分。这样对于大数据的存储处理，可以通过中心节点按照数据处理大小及类型分布式在虚拟化后的计算及存储资源中进行处理。通过分布式的架构，极大地提高了数据处理速率及存储读取性能，并通过统一的对外接口实现了数据的共享。

AIS数据存储共享平台具有良好的交互性，方便不同区域的AIS信息获取，并且支持分布式云平台架构及大规模并发访问。

AIS信息包含静态数据和动态数据，静态数据有船舶型号、移动识别码、船型尺寸及船舶质量；动态数据则包含船舶航行中的经纬度、航速航向及吃水深度等。动态数据的获取需要保证时效性及准确性，所以AIS数据存储共享平台应周期性地对数据进行更新、整合，并在数据库中进行分类。整个数据存储共享分为以下四个功能：

(1)数据传输。基于云平台的数据存储共享平台需要支持各分布式存储单元数据的交换，实现各异地数据库之间的共享。

(2)数据访问。整个云存储共享平台需要对外界提供统一的接口访问，外界用户可以通过Internet或专线登录并获取所需数据。

(3)数据监控及负载均衡。由于基于云平台存储系统是分布式架构，为了保障资源有效利用率，需要对具体的执行单元进行流量统计，并利用负载均衡算法对数据进行动态平衡。

(4)统计分析功能。平台需要具有数据的统计汇总功能，并建立相关的分析报告。本书的AIS数据存储共享平台采用客户端/服务端架构，整个平台从底层至上层分为数据库服务器层、Web发布层和应用层。数据库服务器层也就是我们常说的dao层，负责数据持久化，包括数据库和数据访问层；数据库是对数据进行持久化的载体，数据访问层是业务层和持久层交互的接口，业务层需要通过数据访问层将数据持久化到数据库中；通俗地讲，持久层就是和数据库交互，对数据库表进行增删改查的。Web发布层也即表现层，负责接收客户端请求，向客户端响应结果，通常客户端使用http协议请求web层，web层需要接收http请求，完成http响应；表现层包括展示层和控制层：控制层负责接收请求，展示层负责结果的展示；表现层依赖业务层，接收到客户端请求一般会调用业务层进行业务处理，并将处理结果响应给客户端。应用层也就是我们常说的service层，它负责业务逻辑处理，和我们开发项目的需求息息相关；web层依赖业务层，但是业务层不依赖web层；业务层在业务处理时可能会依赖持久层，如果要对数据持久化需要保证事务一致性(也就是我们说的事务应该放到业务层来控制)。

9.3 监管日志平台和视频平台

9.3.1 监管日志平台

海事日常监管中通过船舶自动识别系统(AIS)获取辖区海域的船舶信息,海事数据长年累月不断积累,已呈现出大数据的特征。成熟的AIS网络系统积累了大量的包括船舶基本信息、船舶轨迹、海上交通环境等信息在内的数据,如何高效地组织利用这些数据,是海事信息化建设的重点。

监管日志平台是基于时间顺序记录系统所发生事件的数据的,其核心内容可以分为以下几个模块:日志采集模块、日志处理模块、日志存储模块、日志管理网站、监控与报警,如图9-1所示。

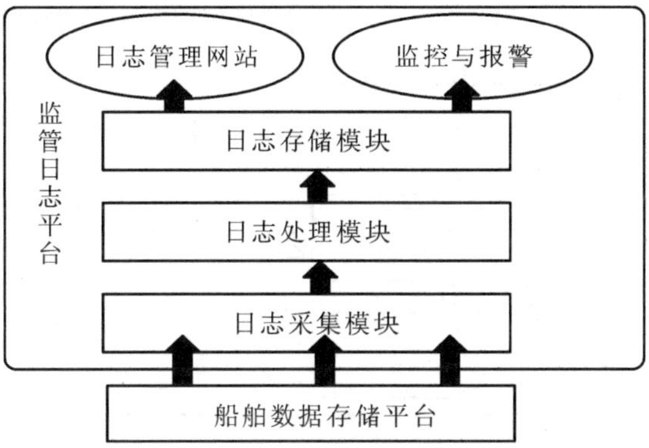

图9-1 监管日志平台示意图

AIS设备在自主工作方式时,会周期性地发送船舶的相关信息。不同的信息在不同的航行环境中时效不同,发布信息的频率也不相同。AIS数据在不断更新,监管日志平台从船舶数据存储平台监管日志平台中分析获取监控项需要的统计数据,首先对数据进行标准化处理,筛选出需要的数据信息,通过船舶轨迹聚类算法对船舶的轨迹进行聚类,得出辖区海域内船舶正常航行的路线,当系统识别到船舶的轨迹存在异常时即触发报警。异常报警模块为防止系统出现误报、漏报等情况,结合人工识别,加入异常案例进行分析判定,再将判定结果反馈到系统中,进一步确定是否属于异常情况,即可将异常检测、异常处理和异常反馈串联起来。对船舶轨迹进行聚类时可采用分布式船舶轨迹聚类算法,将数据依据经纬度信息分成若干个局部区域,然后将每个区域的数据发送到不同的计算节点,对各个分区进行局部聚类,执行算法,最后将局部聚类合并,得到最终的全局聚类结果。局部聚类同时执行算法,达到并行计算的效果,可以在海量数据的前提下减少计算所消耗的时间。

9.3.2　视频平台

视频平台是运用最新的数学视频技术、网络通信技术建立起来的软硬件结合的完整的视频系统,各应用模块可依据业务需要,部署在监控中心及其他工作场所,使网络系统上的图像、数据得到最优的利用[114]。其目的是通过视频对水上交通环境情况、船舶交通流形势、船舶违章行为、船舶险情等进行实时监控,在第一时间发现问题并及时处理。视频平台包括前端数据采集层、数据传输层、视频处理层、控制管理层四个部分,如图 9-2 所示。

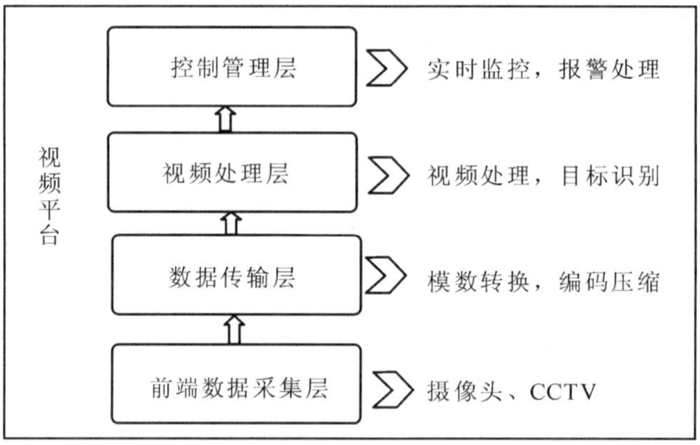

图 9-2　视频平台示意图

前端数据采集层包括获取视频的各个渠道,如无人机载摄像头、海事闭路电视系统(CCTV)等,通过摄像头获取视频或图像。例如在发生紧急突发事件时,实现现场视频图像采集上报、实时音视频交互、应急现场支持,使得海事部门对应急突发事件的情况了解更加全面、对突发事件的反应更加迅速、协调更加充分、决策更加有依据。

数据传输层则将获取的视频和图像信息通过本地局域网络传送到平台集中存储,以便工作人员集中管理和调度。平台自带录像设备还可实现本地录像功能,现场的音视频信号经过模数转换,编码压缩,传送到中心管理服务器,通过中心管理服务器进行集中录像,正在运行的监视器可对当前监视的视频图像进行实时录像,有利于事后取证。

视频处理层则对传输回来的视频和图像进行处理和识别。视频处理大致可分为两步：首先是通过对视频和图像中目标的识别与检测，提取和识别出目标对象，为接下来的运动目标跟踪、目标行为分析打下基础；然后对运动目标进行跟踪，通过对目标区域的提取和目标特征信息的检测，进行匹配识别、运动轨迹预测分析、轨迹更新和计数。目前现有的对运动目标识别监测的技术主要有：初始视频帧图像的预处理技术、图像运动目标的提取技术、目标区域的描述方法等。

控制管理层可对随时调出的视频进行实时监控，对报警进行及时处理。平台具有同时处理多任务能力，实现多个现场的同时报警，支持多种报警方式，如移动侦测报警、视频丢失报警、录像故障报警、定时器触发报警等。针对配置带云台的摄像机，指挥中心人员可以对云台做全方位操作控制和摄像机镜头的光圈、焦距、景深距离的操作控制，全方位掌控现场的情况。

9.4 多任务智能分配平台

9.4.1 海事监管救援任务与无人机资源调度分析

无人机资源调度问题是指利用现有的不同类型的无人机以及吊舱中的光电设备，对海上事故和违法行为第一现场若干空间分散的任务区域制定应急无人机资源的调度计划，即在满足应急任务需求、作业区域地理条件、任务时间窗、性能等约束下，为无人机分配海事任务和地面调度方案。无人机从基地出发，按照调度方案的任务执行流程，经地面调度抵达任务的起降场，依次完成各自的任务。每个测绘任务代表一个作业区域，包含主要海事违法现场、海事险情发生地等核心作业点。

测绘中无人机资源的调度问题，可用四元组$\{E, R, M, C\}$表示。其中，E为调度问题所在的地理环境，主要包括海域交通状况及天气条件；R表示无人机及其吊舱系统集合，$R=\{R_1, R_2, \cdots, R_t\}$，$r$为可以调配的无人机的数目，对无人机资源的描述主要包括位置、所携带光电设备和无人机性能等；M为应急测绘任务集合，$M=\{M_1, M_2, \cdots, M_m\}$，$m$为应急救援任务的个数，对应急任务的初始描述主要包括任务作业区域、任务数据需求（图像类型、分辨率）、任务优先级和任务时限等；C为调度问题中约束条件的集合。

9.4.2 面对任务的无人机调度模型

任务 M_i 的执行起止时间限制范围 $T_{si}=[t_{si}, t_{ei}]$；任务 M_i 的预计执行开始时间为 s_i，预计执行结束时间为 e_i；调度方案的总执行时间为 T；无人机 R_j 执行任务 M_i 所需时间为 t_{ij}；无人机集合 R 的初始位置集合 $P_R=\{R_{Pj}, j=1, 2, \cdots, r\}$；任务集合 M 的起降场位置集合 $P_M=\{M_{Pi}, i=1, 2, \cdots, m\}$；任意两点 P_i 与 P_j 之间的地面调度距离为 $d_{Pi,Pj}$，地面转移时间记为 $t_{Pi,Pj}$，其中 P_i、$P_j \in (P_R \cup P_M)$；任务 M_i 执行的决策变量为 F_i，成功执行时 $F_i=1$，否则 $F_i=0$；资源选择决策变量为 d_{ij}，如果无人机资源 R_j 被用来执行任务 M_i，则 $d_{ij}=1$，否则 $d_{ij}=0(1, 1 \leqslant j \leqslant r)$。

针对无人机调度主要约束条件为：

(1)任务执行唯一性约束。根据问题模型中对测绘任务的描述可知，每个测绘任务由一个无人机资源在时间窗内执行一次，其形式化表达为

$$\forall m_i, \sum_j d_{ij} \leqslant 1$$

(2)任务执行时间约束。主要包括任务开始时间不小于任务执行起始限制时间，$t_{si} \leqslant s_i$；任务结束时间不大于任务执行终止限制时间，$e_i \leqslant t_{ei}$；任务执行的时间参数关系，$s_i + t_{i,j} = e_i$。

(3)资源转场时间约束。主要为无人机 R_j 执行任务 M_i 与前续任务 M_k 之间的时间关系，即 M_i 的执行开始时间不小于无人机执行完 M_k 后转移到 M_i 的时间 t_{M_k,M_i}，留有足够的作业等待时间，减小方案的风险，$e_k + t_{Mk,Mi} \leqslant s_i e$；当 R_j 无前续任务时，有 $e_k=0$；$P_{Mk}=P_{Rj}$。

(4)任务资源匹配约束。对于特定无人机 R_j，其执行某个测绘任务 M_i 的作业时长 $t_{i,j}$ 与该无人机对任务 M_i 的执行风险概率 $\mathrm{Risk}(M_i, R_j)$，根据测绘任务和无人机遥感系统的相关参数，结合作业区域的地理环境与实时气象信息进行匹配，数学描述为 $\mathrm{Match}(M_i, R_j) \leqslant t_i$。

在此基础上，融合通信服务平台应支持在指挥调度台调阅视频信息的功能。支持接入第三方的 IPC/DVR/NVR/视频共享平台的实时视频画面，可对接入平台的视频进行视频预览、录像、抓图、停止播放、隐藏视频工具条、停止所有视频等操作和管理。支持移动单兵、车载视频、无人机航拍视频及固定监控视频点的统一接入，增加海事监管效率。

9.5 远洋通信技术

在航海史上，船舶的定位、导航向来是十分重要的。随着现代通信技术的发展，传统的通信技术已不适应形势发展的需要，由现代卫星通信技术发展而来的卫星定位和导航系统，逐步替代了这些古老而原始的手段。现代卫星通信技术具有高精度、全天候、高效率、多功能、操作简便、应用广泛等特点。

船舶与卫星技术的发展愈加紧密，全球海上遇险与安全系统(GMDSS)[115]、综合驾驶台(IBS)[116]、电子海图系统(ECDIS)[117]等已经广泛应用于远洋船舶。现代卫星技术主要应用于船舶卫星定位系统，海上遇险与安全系统，海上紧急通信及船-岸、岸-船常规通信中。美国的全球卫星导航系统(GPS)、全球海事卫星通信系统(INMARSAT)、全球卫星搜救系统(COSPAS/SARSAT)[118]组成了现今远洋船舶的卫星通信系统。

静止轨道卫星 INMARSAT 系统即国际海事卫星通信系统[119]，是目前世界上唯一一个为海、陆、空行业用户提供全球卫星移动公众通信和遇险安全通信的业务提供者。INMARSAT 系统利用 9 颗在轨静止卫星实现全球覆盖，其中主要轨道 INMARSAT-2 代卫星四颗，共用或租用的 INMARSAT-3 代卫星五颗，计划增置 INMARSAT-4 代卫星三颗。卫星覆盖了地球南北纬 76°之间的全部表面，可以完成南北纬 76°之间的全天候、实时性、无缝通信，通过无线网络终端的扩展，可以实现船舶在该区域的网络连接。海事卫星通信海事宽带系统共由三个部分组成：INMARSAT 地面站、INMARSAT-4 卫星、船载卫星通信站。INMARSAT 地面站是远洋船舶通过 INMARSAT-4 卫星将船舶信息传输到地面控制中心的接收枢纽。它由通信终端系统、射频系统和控制系统等组成。INMARSAT 地面站将海事卫星网络和互联网相互连接，如此一来，一艘安装有 INMARSAT-Fleet Broadband 系统的船舶可以在任何时间和世界任何地区进行通话、传真甚至视频会议。地面站还会负责处理船舶终端的业务申请、交换，分配用户的资源、容量，提供数据通信、语音对话等服务。

国际海事卫星组织斥资 15 亿美元，在 358000 km 高的赤道上空，安放了三颗与地球自转方向一致且速度相同的同步轨道卫星，其覆盖南、北纬度在内的所有区域。该卫星采用了先进的点波束技术，设计有 200 个窄点波束、19 个宽点波束及 1 个全球波束，与上一代卫星相比功能强大了约 60 倍。

INMARSAT-4 海事卫星覆盖图如图 9-3 所示。

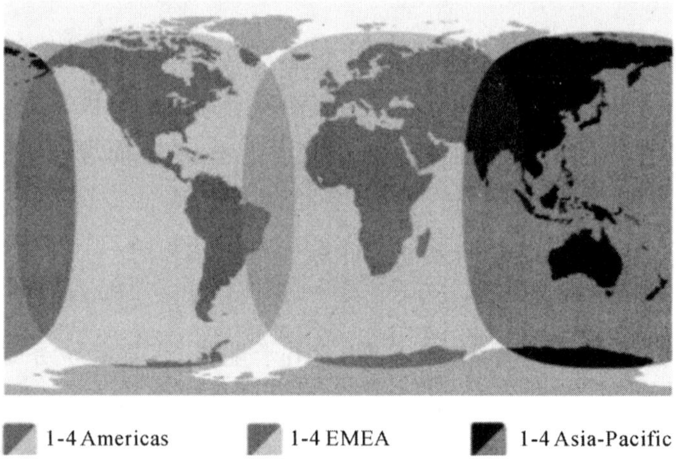

图 9-3　INMARSAT-4 **卫星覆盖范围示意**

船载卫星通信站及船舶上安装了 INMARSAT-Fleet Broadband 系统，该系统可以使用户访问互联网以及企业网络，实现了电子邮件传输、语音电话服务、视频音频监控、短信文本服务等业务。INMARSAT-Fleet Broadband 系统作为目前为止国际海事卫星组织最先进的通信业务，它可以提供高达 432 kbit/s的数据宽带能力，借助如此先进的卫星通信海事宽带技术，可以满足各种作业的应用需求。现归纳特点如下：①性能出色。INMARSAT-Fleet Broadband 系统相比前一代通信卫星，提供更加快捷、高效的数据传输服务。同时可以支持语音通话、电邮传输、电子传真等多项业务同时进行。②覆盖广泛。保障船舶除了在南北极外的任何地点得到高质量的通信业务。③安全可靠。INMARSAT-Fleet Broadband 业务不受天气、海况的影响，为船舶提供稳定的通信服务业务。④操作简易。系统简单易懂，方便船员学习，不需要专人服务指导。在紧急情况下，方便应急操作。

数据通信传输通过海事卫星通信海事宽带业务，实现数据通信传输。目前海事卫星通信海事宽带业务产品中 250 系列、500 系列是比较成熟可靠的，其传输速率分别可以达到 284 kbit/s 和 432 kbit/s，可以完美地满足视频监控的速率要求。管理计算机、电话交换机和传真机，实现邮件发送接收、双向通话、双向传真等功能，保证了船舶航行通信的必要功能。

低极轨道卫星 COSPAS/SARSAT 系统，与 INMARSAT 系统相互补充，真正实现了全球无缝无盲区覆盖。低极轨道卫星 COSPAS/SARSAT 系统是由加拿大、法国、美国和苏联联合开发的全球性卫星搜救系统，它是国际海事卫星组织推行的全球海上遇险与安全系统的重要成部分。系统使用低轨道半径的极轨道卫星为全球包括极区在内的海、陆、空中提供遇险报警及定位服务，以使遇险者免费得到及时有效的救助。搜救卫星是由苏联的 COSPAS 卫星和美国的 SARSAT 卫星组成，卫星高度为 850～1000 km，卫星运行轨道为极轨道，现有 7 颗卫星在工作。该系统可完成全球无盲区、半时性的通信链接，最长延时为 2 h，在部分地区可实现实时信息传输。通过网络扩展可完成部分区域的实时信息更新，并可确保实现 2 h 以内的全球信息更新。

现代通信技术在远洋船舶的应用，主要表现在三个方面，即船舶交通管理系统（VTS）、CCTV 闭路电视监控系统和船舶自动识别系统（AIS）。这些通信设备借助卫星系统向岸基发送消息，并接收岸基指令，实现通信的双向性。

在卫星通信技术大面积普及之前，地面通信系统是船只海上航行的主要对外通信方式。旧有的船岸之间的联系方式已经被弃用，比如最早的 SSB 和 NBDP。但是目前这些通信方式依然按照规范继续开启着，以防某些卫星通信中断的特殊情况。由此提醒，不得不重视通信中断这一严重的问题，一旦出现中断，船舶及船上人员的安全会受到极大的威胁。

卫星可能发生不同类型的中断，例如由于单粒子翻转引起的卫星服务中断，或者是轨道机动引起的卫星服务中断，卫星在绕地球运转时，它与地球、太阳之间的位置关系也会影响到卫星的通信状况。在特殊的暴雪天气中，天线接收器被积雪覆盖时，也可能出现通信中断。地面情况，如高山、大树和隧道等，同样会削弱卫星传递信号，降低传递质量。随着卫星运行时间延长，中断类型可能不断增加。

当船舶航行到近海区域时，船舶和船岸之间进行通信的设备主要有 VHF 无线电话和 VTS 通信设备，使用的 VHF 频率是 30～300 MHz，波长范围是 1～10 m。海上 VHF 宽带数据通信有别于传统的语音通信，其对通信系统误码率有较高的标准，实践中的通信效果取决于不同海上媒介和电磁波在海洋上的传播。高频段频率应用时传播损耗大、绕射能力弱、技术难度大、系统成本高。一旦 VHF 通信系统受到的干扰过于强烈，或者系统维护工作欠佳，VHF 通信甚至会发生中断。

参照陆上的通信系统，设计一种通信中继平台，用无人机作为载体。中继通信平台满足的主要性能指标：

(1)通信速率：最高 10 Mbps；

(2)中继通信节点间距：50 km；

(3)节点高度：30 m；

(4)误码率：$1e^{-5}$；

(5)空中中继平台发射功率：10 W；

(6)地面基站发射功率：20 W。

这种中继平台具体的实现形式是在无人机上搭载吊舱，在吊舱中安装通信中继平台，无人机悬停在岸台与船舶之间，利用中继器放大并二次转发卫星或者高频段等通信信号，进而保证通信的正常。无人机地面站远程遥控无人机搭载平台，监控飞机姿态，显示飞行数据，实时地调整无人机飞行动态，实时控制操作无人机的异常状态或临时需求进行，其中安装的飞控板保证无人机飞行过程中的安全稳定性，在无人机遇到紧急情况或与通信网络断开后，自主飞行控制体系能保证无人机安全返回基地。可以对多架无人机协同规划悬停地点，以实现对整个监管区域的覆盖。

总　　结

本书针对海事监管在效率和范围上的局限性，提出使用搭载模块化吊舱的无人机执行海事监管任务的新型技术，对船舶超载、非法排污、非法明火等违规违章作业和水上交通事故巡察、发现和取证，同时针对海上遇险应急搜救中的搜救效率问题，研发基于无人机的快速搜寻落水人员一体化设备，能够应对多种天气海况下落水人员搜救难题，提高搜救效率。

船名是船舶合法航行的重要身份标识，具有唯一性和必要性。在海事监管活动中，利用无人机实现监管区域的常态化巡航，针对巡航图像中包含的船名信息设计合理高效的算法检测识别船名意义重大。围绕船名检测和识别问题，本文的主要工作总结如下：

(1)构建了面向海事监管的船名图像数据集，解决了船名检测与识别基准数据集缺失的问题，为本书相关算法的研究和评价提供了数据基础。面向海事监管的船名图像数据集包含123418张可用于船名检测算法测试和训练的船名图像，同时也包含61123张可用于船名识别的算法训练和测试的船名图像。以上船名图片在获取和筛选过程中，充分体现了船名位置、船舶类型与外在环境等方面的差异性，较好地保证了面向海事监管的船名图像数据集的科学性与有效性。

(2)提出了一种基于SN Mask R-CNN的船名检测方法。该方法将标准Mask R-CNN中的特征提取网络ResNet替换为ResNeXt网络，通过减少网络层数提高算法效率；采用双线插值方法降低特征提取船名感兴趣区域时的误差，提高船名位置检测的准确率。实验结果表明，本书所提出的船名检测算法定位精度与召回率达到了98.13%与97.12%，检测速度为对比实验中最高的4.66 fps。

(3)提出了一种基于CRNN的船名识别方法。该方法将输入的船名图片视作一个字符序列，直接对检测到的船名位置区域图像进行字符识别并输出船名，实现了端到端(end-to-end)的船名识别。该方法通过卷积层提取输入船名图像的特征序列，特征序列交由循环层进行预测并输出单帧检测结果，并由转录层将单帧预测结果转录为船名输出。实验结果表明，本文方法在验证集上的船名识别准确率达到了 98.52％，船名字符准确率达到了 97.32％，均高于基于 OCR 的传统船名识别方法的效果。针对不同尺寸、不同倾斜程度、不同模糊程度、不同干扰的船名图片，本书方法均有较好的识别效果，且模型性能较好、鲁棒性高。

参考文献

[1] 伊然. 国务院印发《"十三五"现代综合交通运输体系发展规划》[J]. 工程机械，2017，48(4)：63.

[2] 许如清.《中华人民共和国船舶登记办法》解读[J]. 中国海事，2017(5)：22-23.

[3] 高学英，孙迪，刘胜利，等. 我国沿海海事监管飞机布局配置[J]. 中国航海，2014，37(3)：85-89.

[4] YOU Y，CAO J，ZHANG Y，et al. Nearshore ship detection on high-resolution remote sensing image via scene-mask R-CNN[J]. IEEE Access，2019，PP(99)：1-1.

[5] 刘畅. 船舶自动识别系统（AIS）关键技术研究[D]. 大连：大连海事大学，2013.

[6] 郝勇，李翌阳，陈仕祥，等. 电子巡航系统信息特征及在海事监管中的应用[J]. 中国航海，2014，37(1)：11-15＋47.

[7] 周明应. 无人机在长江海事监管领域的应用研究[J]. 中国水运（下半月），2013，13(9)：27-28＋50.

[8] 李雄标，陈一路. 浅述海事 CCTV 视频监管系统及应用[J]. 珠江水运，2015(11)：20-22.

[9] 王蕾，徐永锋，胡萌赋. 船舶尾气监测在海事排放控制区监管中的应用[J]. 中国海事，2019(12)：59-60.

[10] ZHANG H，ZHAO K，SONG Y Z，et al. Text extraction from natural scene image：A survey[J]. Neurocomputing，2013，122(dec. 25)：310-323.

[11] BISSACCO A，CUMMINS M，NETZER Y，et al. PhotoOCR：Reading text in uncontrolled conditions[C]// 2013 IEEE International Conference on Computer Vision (ICCV). IEEE，2014.

[12] IKICA A，PEER P. SWT voting-based color reduction for text detection in natural scene images[J]. Eurasip Journal on Advances in Signal Processing，2013，2013(1)：1-13.

[13] ROY A，TODOROVIC S. Combining bottom-up，top-down，and smoothness cues for weakly supervised image segmentation[C]// IEEE Conference on Computer Vision & Pattern Recognition. IEEE，2017.

[14] KANG L，LI Y，DOERMANN D. Orientation robust text line detection in natural images[C]// 2014 IEEE Conference on Computer Vision and Pattern Recognition (CVPR). IEEE，2014.

[15] WANG K,BELONGIE S. Word spotting in the wild[C]. European Conference on Computer Vision. Springer,Berlin,Heidelberg,2010:591-604.

[16] JADERBERG M,VEDALDI A,ZISSERMAN A. Deep features for text spotting [C]. European Conference on Computer Vision. Springer,Cham,2014:512-528.

[17] EPSHTEIN B, OFEK E, WEXLER Y. Detecting text in natural scenes with stroke width transform [C]// Computer Vision & Pattern Recognition. IEEE,2010.

[18] MATAS J,CHUM O,URBAN M,et al. Robust wide-baseline stereofrom maximally stable extremal regions[J]. Image & Vision Computing,2004,22(10):761-767.

[19] NEUMANN L,MATAS J. Text localization in real-world images using efficiently pruned exhaustive search[J]. Proc. intl. conf. on Document Analysis & Recognition,2011:687-691.

[20] 郭健,莫国梁,陈庆伟.基于粒子群优化神经网络的移动机器人门牌识别方法研究[J].计算机与数字工程,2009,37(4):7-9+16.

[21] SHI B G,BAI X,BELONGIE S. Detecting oriented text in natural images by linking segments[C]// Proceedings of the 2017 IEEE Conference on Computer Vision and Pattern Recognition. Honolulu,2017.

[22] TIAN Z,HUANG W,HE T,et al. Detecting text in natural image with connectionist text proposal network[C]// European Conference on Computer Vision. Springer,Cham,2016.

[23] HE W,ZHANG X Y,YIN F,et al. Deep direct regression for multi-oriented scene text detection[C]//Proceedings of the IEEE International Conference on Computer Vision. 2017.

[24] POLZOUNOV A,ABLAVATSKI A,ESCALERA S,et al. Wordfence:Text detection in natural images with border awareness[C]// 2017 IEEE International Conference on Image Processing (ICIP). IEEE,2017.

[25] XU Y,WANG Y,ZHOU W,et al. TextField:Learning a deep direction field for irregular scene text detection[J]. IEEE Transactions on Image Processing,2019,28(11):5566-5579.

[26] CHEN K,YANG Z,NOTTEBOOM T. The design of coastal shipping services subject to carbon emission reduction targets and state subsidy levels[J]. Transportation Research Part E,2014,61:192-211.

[27] 杨贞.图像特征编码及其应用研究[D].上海:上海交通大学,2016.

[28] YANG S J, HO C C, CHEN J Y, et al. Practical homography-based perspective correction method for license plate recognition[C]// International Conference on Information Security & Intelligence Control. IEEE, 2013.

[29] SHAN B. Vehicle license plate recognition based on text-line construction and multilevel RBF neural network[J]. Journal of Computers, 2011, 6(2): 246-253.

[30] ALSHARIF O, PINEAU J. End-to-end text recognition with hybrid HMM maxout Models[C]//Proceedings of the International Conference on Learning Representations. 2014.

[31] JADERBERG M, SIMONYAN K, VEDALDI A, et al. Reading text in the wild with convolutional neural networks[J]. International Journal of Computer Vision, 2016, 116(1): 1-20.

[32] LI H, WANG P, YOU M, et al. Reading car license plates using deep neural networks[J]. Image and Vision Computing, 2018, 72: 14-23.

[33] SHI B, BAI X, YAO C. An end-to-end trainable neural network for image-based sequence recognition and its application to scene text recognition[J]. IEEE Transactions on Pattern Analysis and Machine Intelligence, 2016, 39(11): 2298-2304.

[34] FAN B, LI Y, ZHANG R, et al. Review on the technological development and application of UAV systems[J]. Chinese Journal of Electronics, 2020, 29(2): 199-207.

[35] 刘春娜. 无人机电池研发新进展[J]. 电源技术, 2015, 39(7): 1353-1354.

[36] WAWRZONIAK M, PETERSON L, ROSCOE T. Sophia: An information plane for networked systems[J]. Acm Sigcomm Computer Communication Review, 2004, 34(1): 15-20.

[37] GAL S, SHELEF L, OZ I, et al. The contribution of personal and seniority variables to the presence of stress symptoms among Israeli UAV operators[J]. Disaster & Military Medicine, 2016, 29: 20-28.

[38] LI L, QUN G U, WEIMING P, et al. On framework of maritime three-dimensional supervision system based on unmanned aerial vehicle[J]. Navigation of China, 2015, 38(1): 68-70, 84.

[39] YANG X Y, JIN Y F. The study of maritime cruise monitoring mode based on VTS[J]. Journal of Wuhan Institute of Shipbuilding Technology, 2009(1): 20 – 21.

[40] CHAM L, ALBERTO S. Assessment and monitoring of marine pollution in Manzanillo and Santiago Bays, Colima, Mexico[J]. Semiconductor Science &

Technology,1984,2(7):463-465.

[41] JIAO H Z,SUN D C,MSA Q. The application of the “six-step methodology”in the site investigation of ship underway illegal pollutant discharge[J]. China Maritime Safety,2015(01):38-40.

[42] 中华人民共和国国家质量监督检验检疫总局,中国国家标准化管理委员会. 中国海区水上助航标志:GB 4696—2016[S]. 北京:中国标准出版社,2016.

[43] BRENNAN S R,FERNANDEZ D P,ZIMMERMAN C E,et al. Strontium isotopes in otoliths of a non-migratory fish (slimy sculpin):Implications for provenance studies[J]. Geochimica Et Cosmochimica Acta,2015,149:32-45.

[44] CAI D,FAN Z,ZHEN Z,et al. Ship navigation and warning system based on GPS/BDS equivalent satellite clock error method[C]// International Conference on Geo-Informatics in Resource Management and Sustainable Ecosystems. 2017.

[45] LIU S,WANG F. Knowledge graph of maritime collision avoidance rules in Chinese[C]// 2019 11th International Conference on Intelligent Human-Machine Systems and Cybernetics (IHMSC). 2019.

[46] MOU J M,ZHOU C,DU Y,et al. Evaluate VTS benefits:A case study of Zhoushan Port[J]. International Journal of e-Navigation and Maritime Economy,2015,3:22-31.

[47] HUANG Q P. Design of ship overload detection system based on multi beam sonar[J]. Ship Electronic Engineering,2016,36(10):126-131.

[48] IMO. The 1966 international load line convention[S]. International Maritime Organization,1966.

[49] BERGESEN H O,PARMANN G. Yearbook of international co-operation on environment and development. [J]. Journal of International Wildlife Law & Policy,1998,8(3):277-283.

[50] LIU G W . The national government's policy and administrative measures on Tibet during 1927—1937[J]. Journal of Historical Science,2004(3):60-64,70.

[51] QU X,ZHENG W G. Design of ship anti-collision alarm system based on laser range-finding[J]. Applied Mechanics & Materials,2014,496-500:1502-1505.

[52] 贤齐. 中华人民共和国海上交通事故调查处理条例[J]. 中华人民共和国国务院公报,1990(10):370-376.

[53] GUILLAUME S B. Sea life-saving device with several inflatable life rafts:EP08100888.0[P]. 2008-01-24.

[54] SANDERS F H,CARROLL J E,SANDERS G A,et al. EMC measurements for

spectrum sharing between LTE signals and radar receivers[R]NTIA. 2014.

[55] 李楠,张峰. 关于航标应急反应的相关思考[J]. 中国水运(下半月),2017,17(2):27-28.

[56] 邓洪章. 船舶自动识别系统(AIS)[J]. 天津航海,2002(4):31-36.

[57] LU W,LIU S,YANG Y,et al. Design for the emergency command information system architecture of ocean oil spill[J]. Aquatic Procedia,2015,3:41-49.

[58] HAN Z,ZHANG Y. Spark:A big data processing platform based on memory computing[C]// Seventh International Symposium on Parallel Architectures. IEEE Computer Society,2016.

[59] LIU Y,BAI B,ZHANG C. UAV image mosaic for road traffic accident scene [C]// Youth Academic Conference of Chinese Association of Automation. IEEE,2017.

[60] XIU S,WEN Y,YUAN H,et al. A multi-feature and multi-level matching algorithm using aerial image and AIS for vessel identification[J]. Sensors,2019,19(6):1317 - 1336.

[61] 孙思琪.《中华人民共和国船舶登记办法》要点解读[J]. 世界海运,2017,40(3):42-47.

[62] SIVASANKARAN S O. Generation of a video mosaic display:US14577786[P]. 2014-12-19.

[63] WEI H,NGUYEN H,RAMU P,et al. Automated intelligent video surveillance system for ships[J]. Proceedings of Spie the International Society for Optical Engineering,2009.

[64] MURPHY R H. Multi field-of-view multi sensor electro-optical fusion-zoom camera:zd50145950[P]. 2015-05-28.

[65] TSUJI K,HAGIHARA Y,USHIYAMA N. Infrared sensor:EP09816153[P]. 2009-09-24.

[66] 崔连德. 绘制科学发展蓝图 奏响和谐水运乐章——水路交通发展政策及相关规划新闻发布会综述[J]. 中国船检,2007(7):16-21.

[67] MINGGUANG L I. Study on ship AIS using satellite mobile communication system[J]. Telecommunications Network Technology,2017(10):17-20.

[68] BHANGALE K B,SHEKOKAR R U. Human body detection in static images using HOG & piecewise linear SVM[J]. International Journal of Innovative Research & Development,2014,3(6):179-184.

[69] HEINZ K. If the titanic sank today:The evolution of lifesaving equipment[J].

Coast Guard Journal of Safety & Security at Sea Proceedings of the Marine Safety & Security Council,2012,69(2):42-44.

[70] HUI B,JEON K H,CHANG K H,et al. Design of radio transmission technologies for VHF band ship ad-hoc network[C]// ICT Convergence (ICTC),2011 International Conference on. IEEE,2011.

[71] WANG D D,JIA L S. Design of gyro stabilized pod control system[J]. Equipment Manufacturing Technology,2016(05):95-98.

[72] ZHANGL,YAN L,MENG L,et al. The application study of helicopter airborne photoelectric stabilized pod in the high voltage power line inspection[C]// International Conference on Optoelectronics & Microelectronics. IEEE,2012.

[73] CAO F R,DING H,LI Y L,et al. Superplasticity,dynamic grain growth and deformation mechanism in ultra-light two-phase magnesium-lithium alloys[J]. Materials Science & Engineering A,2010,527(9):2335-2341.

[74] MATSUDA H. Image processing system,projector,and image processing method USO7949202B2[P]. 2011-05-24.

[75] DENG K,HOU X,WAN W,et al. Research on obstacle avoidance system of UAV based on multi-sensor fusion technology[C]// 2016 4th International Conference on Electrical&Electronics Engineering and Computer Science(ICEEECS 2016).

[76] GUPTA A,FICKENSCHEr T. Improved correlation detector for HF Surface Wave Radar[J]. IEEE National Radar Conference - Proceedings,2011(603):212-216.

[77] FABRIZIO G A. High frequency over-the-horizon radar[M]. New York:McGraw-Hill,2013.

[78] MENG W Q. The technology program analysis of the digital closed circuit television supervisory system(CCTV)[J]. Science and Technology of West China,2010,09(14):46-47.

[79] WELBOURNE D J,CLARIDGE A W,PAULL D J,et al. How do passive infrared triggered camera traps operate and why does it matter? Breaking down common misconceptions[J]. Remote Sensing in Ecology & Conservation,2016,2(2):77-83.

[80] TAKEHIKO W,SHINKI O,YOSHIFUSA I,et al. Infrared camera (IRC) deep survey in the performance-verification phase[J]. Publications of the Astronomical Society of Japan,2007,59(sp2):S515-S528.

[81] MOREIRA A,PRATS-IRAOLA P,YOUNIS M,et al. A tutorial on synthetic aperture radar[J]. IEEE Geoence & Remote Sensing Magazine,2013,1(1):6-43.

[82] TIRER T, WEISS A J. High resolution localization of narrowband radio emitters based on Doppler frequency shifts[J]. Signal processing, 2017, 141: 288-298.

[83] ZHANG F, PAN S. Microwave photonic signal generation for radar applications [J]. Journal of Data Acquisition and Processing, 2014, 29(06): 922-929.

[84] LARSSON E G, EDFORS O, TUFVESSON F, et al. Massive MIMO for next generation wireless systems[J]. IEEE Communications Magazine, 2014, 52(2): 186-195.

[85] LIN Y, HYYPPA J, JAAKKOLA A. Mini-UAV-borne LIDAR for fine-scale mapping[J]. IEEE Geoence & Remote Sensing Letters, 2011, 8(3): 426-430.

[86] KRIZHEVSKY A, SUTSKEVER I, HINTON G. ImageNet classification with deep convolutional neural networks[J]. Advances in Neural Information Processing Systems, 2012, 25(2): 84-90.

[87] HE K, ZHANG X, REN S, et al. Deep residual learning for image recognition [C]// IEEE Conference on Computer Vision & Pattern Recognition. IEEE Computer Society, 2016.

[88] 周飞燕,金林鹏,董军. 卷积神经网络研究综述[J]. 计算机学报, 2017, 40(6): 1229-1251.

[89] LECUN Y, BOTTOU L. Gradient-based learning applied to document recognition[J]. Proceedings of the IEEE, 1998, 86(11): 2278-2324.

[90] CIREŞAN D, MEIER U, SCHMIDHUBER J. Multi-column deep neural networks for image classification[C]// Computer Vision & Pattern Recognition. IEEE, 2012.

[91] BHATTACHARJEE K, PANT M, ZHANG Y D, et al. Multiple instance learning with genetic pooling for medical data analysis[J]. Pattern Recognition Letters, 2020, 133: 247-255.

[92] 孙长建. 医学影像的四维重建和分割中的关键技术研究[D]. 长春: 吉林大学, 2019.

[93] 刘晨,曲长文,周强,等. 基于卷积神经网络迁移学习的 SAR 图像目标分类[J]. 现代雷达, 2018, 40(3): 38-42.

[94] QI Z. Multi-target real-time detection of moving ship based on YOLO algorithm [J]. Computer Knowledge and Technology, 2018, 14(10): 196-197.

[95] KIM J, GRAUMAN K. Shape sharing for object segmentation[C]//European Conference on Computer Vision. Springer, Berlin, Heidelberg, 2012.

[96] ZITNICK C L, DOLLAR P. Edge Boxes: Locating object proposals from edges [C]// European Conference on Computer Vision. Springer, Cham, 2014.

[97] ZHANG N, DONAHUE J, GIRSHICK R, et al. Part-based R-CNNs for fine-grained category detection[C]// Proceedings of the 13th European Conference on Computer Vision-ECCV 2014.

[98] DICKEY L J, SHAW L C. Proceedings of the IEEE international conference on computer vision[J]. Elsevier Science B. V. Amsterdam, 2014, 37(90): v-xiv, 1-387.

[99] REN S, HE K, GIRSHICK R, et al. Faster R-CNN: Towards real-time object detection with region proposal networks[J]. IEEE Transactions on Pattern Analysis and Machine Intelligence, 2015, 39(6): 1137-1149.

[100] 杨丽，吴雨茜，王俊丽，等. 循环神经网络研究综述[J]. 计算机应用，2018, 38(S2): 1-6+26.

[101] HOCHREITER S, SCHMIDHUBER J. Long short-term memory[J]. Neural Computation, 1997, 9(8): 1735-1780.

[102] KAIMING H, GEORGIA G, PIOTR D, et al. Mask R-CNN[J]. IEEE Transactions on Pattern Analysis & Machine Intelligence, 2017, PP: 1-1.

[103] FU X, CH'NG E, AICKELIN U, et al. CRNN: A joint neural network for redundancy detection[C]// 2017 IEEE International Conference on Smart Computing (SMARTCOMP). IEEE, 2017.

[104] 黄新，郝矿荣，窦易文. 一种新的字符图像倾斜矫正与分割算法[J]. 计算机工程与科学，2011, 33(1): 116-121.

[105] 肖意，姜军. 基于最大稳定极值区域的车牌定位与字符分割[J]. 计算机与数字工程，2015, 43(12): 2271-2274+2294.

[106] 石葆光. 基于深度学习的自然场景文字检测与识别方法研究[D]. 武汉：华中科技大学，2018.

[107] JIANG W, JIN Z. Integrating bidirectional LSTM with inception for text classification[C]// 2017 4th IAPR Asian Conference on Pattern Recognition (ACPR). IEEE Computer Society, 2017.

[108] GRAVES A. Supervised sequence labelling with recurrent neural Networks [M]. Berlin: Springer, 2012.

[109] SHI B G, BAI X, YAO C. An end-to-end trainable neural network for image-based sequence recognition and its application to scene text recognition[J]. IEEE Transactions on Pattern Analysis and Machine Intelligence, 2016, 39(11): 2298-2304.

[110] 郭室驿. 基于 OpenCV 和 Tesseract-OCR 的英文字符算法研究[J]. 电脑编程技

巧与维护,2019(6):45-49.

[111] 卢均溢.牌照证件光学字符识别研究[D].哈尔滨:哈尔滨工业大学,2016.

[112] 赵江洪,张晓光,杨璐,等.深度学习的遥感影像舰船目标检测[J].测绘科学,2020,45(3):110-116+134.

[113] FLUSSER J,FAROKHI S,HOSCHL C,et al. Recognition of images degraded by Gaussian Blur[J]. IEEE Transactions on Image Processing,2016,25(2):790-806.

[114] LI S J,ZHOU H F,LI Q. Development of video image acquisition platform[J]. Journal of Hunan Institute of Engineering(Natural ence Edition),2010,20(3):6-8+11.

[115] 宋浩然. GMDSS 遇险通信模拟系统的研究与设计[D].大连:大连海事大学,2010.

[116] 莫长仁.船舶综合驾驶台通信与导航系统研究[J].中国水运(下半月),2018,18(6):51-52.

[117] 周建伟,廖才明,方玉林.电子海图(ECDIS)4.0 版本 20 问[J].中国船检,2020(2):76-84.

[118] WANG W,WANG S. Overview of the international satellite-based COSPAS-SARSAT System:Third International Conference,SINC 2018,Changchun,China,August 9-10,2018,Revised Selected Papers[M]//QUAN Y. Space Information Networks. Berlin:Springer,2019.

[119] WANG J L,LIU C S. Development and application of INMARSAT satellite communication system[C]// First International Conference on Instrumentation. IEEE,2012.